配网不停电作业技术丛书

配网不停电作业项目现场实训及案例分析

廖文健　袁智育　高建森　陈光宇　王　强
张爱国　倪　蓉　陈双华　刘淑英　苏　明　编著

机械工业出版社

本书详细介绍了配网不停电作业的相关理论基础与技术原理，常用工器具的使用方法及绝缘遮蔽方法，并结合现场操作具体讲述了作业项目实际流程。本书共分 8 章，内容包括：配网不停电作业概述，配电网及其作业技术，配网不停电作业理论基础，配网不停电作业常用工器具及绝缘遮蔽方法实训，低压配网不停电作业技术实训，中压配网不停电作业技术实训，旁路作业技术实训以及总结与展望，重点介绍了低压配网不停电作业技术、中压配网不停电作业技术以及旁路作业技术。

本书内容贴合实际，体系合理，讲解详尽，图文并茂，文字流畅，通俗易懂，是初学者了解 10kV 配网不停电作业常用工器具和常规项目的理想教材。本书既可作为工科院校相关专业的教材，也可供电力、电工领域的不停电作业运维和管理人员以及相关从业人员参考。

图书在版编目（CIP）数据

配网不停电作业项目现场实训及案例分析 / 廖文健等编著. -- 北京：机械工业出版社，2025. 4. -- （配网不停电作业技术丛书）. -- ISBN 978-7-111-77814-1

Ⅰ. TM727

中国国家版本馆 CIP 数据核字第 2025P9N387 号

机械工业出版社（北京市百万庄大街 22 号　邮政编码 100037）
策划编辑：刘星宁　　　　　　责任编辑：刘星宁　章承林
责任校对：张爱妮　张亚楠　　封面设计：马精明
责任印制：刘　媛
涿州市般润文化传播有限公司印刷
2025 年 4 月第 1 版第 1 次印刷
169mm × 239mm · 13.5 印张 · 257 千字
标准书号：ISBN 978-7-111-77814-1
定价：88.00 元

电话服务　　　　　　　　　网络服务
客服电话：010-88361066　　机　工　官　网：www.cmpbook.com
　　　　　010-88379833　　机　工　官　博：weibo.com/cmp1952
　　　　　010-68326294　　金　书　网：www.golden-book.com
封底无防伪标均为盗版　　　机工教育服务网：www.cmpedu.com

前　言

随着社会经济的持续发展，电力在人们生产生活中的作用愈发关键，用户对供电可靠性及质量的要求也日益提高。配电网作为电力系统的重要组成部分，是供电服务的"最后一公里"，其运行状况直接影响着用户的用电体验。近年来，随着配电网改造工程的加大，配电网检修工作量逐渐增加，开展配网不停电作业，有利于缓解配电网检修给电力用户带来的用电影响，可有效提高用户供电可靠性和电力服务质量。目前，配网不停电作业已成为电力设备测试、检修、改造的重要手段，为减少停电损失、降低线损、开展在线监测和状态检修做出了巨大贡献，成为保障电网安全高效运行的重要作业方法。因此，作者根据当前电力检修中实现用户"零感知"，降低停电损失的实际需要，结合参考不停电作业和带电作业相关资料，深入电力检修作业现场，精心编写了《配网不停电作业项目现场实训及案例分析》一书。本书重点从不停电作业的概念及技术原理，不停电作业理论基础，不停电作业常用工器具，绝缘遮蔽方法以及常规作业项目实际操作流程等方面，系统而全面地介绍了配网不停电作业的主要工作流程和现场实训情况。本书具有明显的参照性和可操作性，是一本实用性很强的配网不停电作业技术和现场应用的工具书，可供配网不停电作业人员及相关技术人员、管理人员使用。

本书共分 8 章，内容包括：配网不停电作业概述，配电网及其作业技术，配网不停电作业理论基础，配网不停电作业常用工器具及绝缘遮蔽方法实训，低压配网不停电作业技术实训，中压配网不停电作业技术实训，旁路作业技术实训，以及总结与展望。

本书由廖文健牵头组织编写，袁智育、高建森、陈光宇、王强、张爱国、倪蓉、陈双华、刘淑英、苏明共同参与编写。此外，陶澳庆、张向阳、周玉辉、力嘉易、朱刘涛、薛杨等也参加了部分资料、内容的收集和整理工作。本书参考了国内外部分相关技术文献，在此谨向相关作者和出版社深表谢意。

本书可作为供电企业不停电作业人员、运维管理等相关专业人员的参考工具书与基层单位线损管理人员培训教材，也可作为工科院校相关专业的教材或师生教学参考用书。

由于作者水平有限，不足和疏漏之处在所难免，恳请有关专家、学者与广大读者和技术同仁批评指正。

感谢所有为本书出版做出贡献的人！

目 录

前言

第 1 章　配网不停电作业概述 ··· 1

1.1　引言 ·· 1
1.2　不停电作业的基本概念 ·· 1
1.3　不停电作业技术的发展 ·· 4
1.4　开展不停电作业的意义 ·· 5
1.5　本章小结 ·· 6

第 2 章　配电网及其作业技术 ··· 7

2.1　引言 ·· 7
2.2　配电网的基本概念及构成 ··· 7
2.2.1　配电网的基本概念 ·· 7
2.2.2　配电网的构成 ··· 9
2.3　配网不停电作业的技术原理 ··· 31
2.4　配电线路杆型与带电作业 ·· 34
2.5　本章小结 ··· 40

第 3 章　配网不停电作业理论基础 ·································· 41

3.1　引言 ··· 41
3.2　电对人体的影响分析 ·· 41
3.3　作业过程的过电压 ·· 43
3.4　电介质特性 ·· 46
3.5　绝缘配合与安全间距 ··· 53
3.6　气象条件对带电作业的影响 ··· 57
3.7　本章小结 ··· 59

目 录

第 4 章　配网不停电作业常用工器具及绝缘遮蔽方法实训 …………… 60

4.1　引言 ……………………………………………………………… 60
4.2　绝缘斗臂车操作 ………………………………………………… 60
 4.2.1　绝缘斗臂车简介 …………………………………………… 60
 4.2.2　绝缘斗臂车的使用与操作 ………………………………… 63
 4.2.3　绝缘斗臂车维护与保养 …………………………………… 67
 4.2.4　绝缘斗臂车测试 …………………………………………… 68
4.3　各类工器具的操作方法 ………………………………………… 70
 4.3.1　操作工具 …………………………………………………… 70
 4.3.2　防护用具 …………………………………………………… 75
4.4　绝缘工器具的现场检测 ………………………………………… 81
4.5　绝缘遮蔽方法及技能 …………………………………………… 100
4.6　本章小结 ………………………………………………………… 102

第 5 章　低压配网不停电作业技术实训 ……………………………… 103

5.1　引言 ……………………………………………………………… 103
5.2　电缆拆、搭 ……………………………………………………… 103
 5.2.1　项目类型及人员分工要求 ………………………………… 103
 5.2.2　主要工器具 ………………………………………………… 104
 5.2.3　作业步骤 …………………………………………………… 105
 5.2.4　安全注意事项 ……………………………………………… 109
 5.2.5　危险点分析 ………………………………………………… 110
5.3　低压用户临时电源供电 ………………………………………… 111
 5.3.1　项目类型及人员分工要求 ………………………………… 111
 5.3.2　主要工器具 ………………………………………………… 111
 5.3.3　作业步骤 …………………………………………………… 112
 5.3.4　安全注意事项 ……………………………………………… 115
 5.3.5　危险点分析 ………………………………………………… 116
5.4　本章小结 ………………………………………………………… 117

第 6 章　中压配网不停电作业技术实训 ……………………………… 118

6.1　引言 ……………………………………………………………… 118
6.2　绝缘杆作业法带电断、接支线引线 …………………………… 118

6.2.1　人员要求及分工 ·· 118
　　6.2.2　主要工器具 ·· 119
　　6.2.3　作业步骤 ·· 120
　　6.2.4　安全注意事项 ·· 124
　　6.2.5　危险点分析及预控措施 ·· 125
6.3　绝缘手套作业法带电断、接支线引线 ···································· 125
　　6.3.1　项目类型及人员分工要求 ·· 125
　　6.3.2　主要工器具 ·· 126
　　6.3.3　作业步骤 ·· 128
　　6.3.4　安全注意事项 ·· 131
　　6.3.5　危险点分析及预控措施 ·· 132
6.4　绝缘手套作业法带电更换耐张杆绝缘子串 ································ 133
　　6.4.1　项目类型及人员分工要求 ·· 133
　　6.4.2　主要工器具 ·· 133
　　6.4.3　作业步骤 ·· 135
　　6.4.4　安全注意事项 ·· 136
　　6.4.5　危险点分析及预控措施 ·· 137
6.5　绝缘手套作业法带电更换直线杆绝缘子 ·································· 138
　　6.5.1　项目类型及人员分工要求 ·· 138
　　6.5.2　主要工器具 ·· 138
　　6.5.3　作业步骤 ·· 140
　　6.5.4　安全注意事项 ·· 144
　　6.5.5　危险点分析及预控措施 ·· 145
6.6　绝缘手套作业法直线杆改耐张杆 ·· 145
　　6.6.1　人员要求及分工 ·· 145
　　6.6.2　主要工器具 ·· 146
　　6.6.3　作业步骤 ·· 147
　　6.6.4　安全注意事项 ·· 150
　　6.6.5　危险点分析及预控措施 ·· 150
6.7　绝缘手套作业法带电更换柱上开关或隔离开关 ···························· 150
　　6.7.1　项目类型及人员分工要求 ·· 150
　　6.7.2　主要工器具 ·· 151
　　6.7.3　作业步骤 ·· 152
　　6.7.4　安全注意事项 ·· 158
　　6.7.5　危险点分析 ·· 160
6.8　绝缘手套作业法带电更换熔断器 ·· 161
　　6.8.1　项目类型及人员分工要求 ·· 161

6.8.2		主要工器具	161
6.8.3		作业步骤	163
6.8.4		安全注意事项	167
6.8.5		危险点分析及预控措施	168
6.9		本章小结	168

第7章 旁路作业技术实训 …………………………… 169

7.1	引言		169
7.2	旁路作业带负荷更换柱上开关		169
7.2.1		项目类型及人员分工要求	169
7.2.2		主要工器具	170
7.2.3		作业步骤	171
7.2.4		安全注意事项	181
7.2.5		危险点分析及预控措施	182
7.3	旁路作业加装智能配电变压器终端		183
7.3.1		项目类型及人员分工要求	183
7.3.2		主要工器具	184
7.3.3		作业步骤	186
7.3.4		安全注意事项	199
7.3.5		危险点分析	199
7.4	本章小结		200

第8章 总结与展望 ……………………………………… 201

参考文献 ………………………………………………… 204

第1章

配网不停电作业概述

1.1 引言

随着电力需求的不断增长和用户对供电质量要求的日益提高,配电网的可靠性和稳定性成为电力系统运行的关键因素。

不停电作业作为一种先进的作业方式,能够在不中断用户供电的前提下对设备或线路进行维护、检修和测试,对于提高供电可靠性、减少社会停电损失、提升企业经济效益和社会效益具有重要意义。它不仅可以避免传统停电作业对用户生产生活造成的影响,还能在保障电力系统安全稳定运行的同时,促进检修方式的进步和配电装置的标准化。

因此,深入了解不停电作业的基本概念、技术方法及其发展历程,对于推动电力行业的可持续发展具有至关重要的作用。

1.2 不停电作业的基本概念

不停电作业是指以实现用户的不停电或短时停电为目的,对设备或线路进行维护、检修或测试的作业方式。这种作业方式可以最大限度地减少生产或服务中断时间,提高设备利用率,从而提高生产效率和服务连续性。不停电作业方式主要有以下两种:

1)直接在带电运行的设备或线路上进行作业,即带电作业。

2)通过转供线路临时替代配电线路,先对用户采用移动电源或者旁路等方法连续供电,再对设备或线路停电进行作业,即移动电源法和旁路作业法。

1. 带电作业的基本方法

带电作业是指在设备(或线路)带电的情况下作业人员通过利用专用作业工具、设备直接接触带电设备(或线路)进行作业,实现在不停电的设备(或线路)上进行检修、维护、调试等的作业方式,能够有效避免检修停电、维持正常供电。

按照作业人员与带电体的电位关系,带电作业可以划分为地电位作业法、中间电位作业法和等电位作业法三类;按照作业人员与带电体的接触关系,也就是按照作业人员是否直接接触带电体划分,可分为直接作业法和间接作业法。其中,等电位作业法属于直接作业法，地电位作业法和中间电位作业法属于间接作业法。

（1）地电位作业法 地电位作业法是指作业人员始终处于与大地相同的电位（零电位）状态下，通过使用绝缘工具间接接触带电设备，从而进行检修、测试的方法。此时作业人员与带电体位置关系如图1-1所示，为保障作业人员人身安全，需确保绝缘工具的有效绝缘长度，从而将泄漏出来流经人体的电流控制在1mA以下，并且保证作业人员对带电体的安全距离不低于0.7m（10kV）、1.0m（110kV）和1.8m（220kV）。地电位作业法也称为零电位作业法，基本的操作方式为"支、拉、紧、吊"四种操作，将它们配合使用构成了间接作业的主要手段。

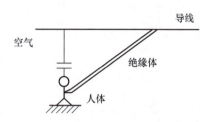

图1-1 地电位作业法示意图

绝缘工具包括固定工具、承载工具、操作工具以及遮蔽工具。固定工具是指在承载工具支撑点所使用的工具，承载工具是指用来承担导线的水平荷载和垂直荷载的工具，操作工具是作业人员用来代替人手，延长操作距离对设备或线路进行维修操作的工具。无论哪种作业工具，均应满足人体对带电体的足够安全距离（见表1-1）和其有效绝缘长度（见表1-2），我国《配电线路带电作业技术导则》（GB/T 18857—2019）标准中做出了相关规定。

表1-1 最小安全距离

额定电压/kV	海拔 H/m	最小安全距离/m
10	$H \leqslant 3000$	0.4
	$3000 < H \leqslant 4500$	0.6
20	$H \leqslant 1000$	0.5
35	$H \leqslant 1000$	0.6

表1-2 最小有效绝缘长度

额定电压/kV	海拔 H/m	最小有效绝缘长度/m	
		绝缘承力工具	绝缘操作工具
10	$H \leqslant 3000$	0.4	0.7
	$3000 < H \leqslant 4500$	0.6	0.9
20	$H \leqslant 1000$	0.5	0.8
35	$H \leqslant 1000$	0.6	0.9

（2）中间电位作业法 中间电位作业法是指作业人员始终与接地体和带电体保持一定的电位差，处于之间的中间电位状态，可直接触及与自己电位相同的设备，或者通过绝缘工具间接接触带电体的作业方法。此时，接触方式为"接地

体—绝缘体—人体—绝缘体—带电体",如图 1-2 所示。

中间电位作业法的显著特征是人体通过两段绝缘体分别与接地体和带电体隔离开,因此这两段绝缘体有着限制流经人体电流的作用,同时人体与接地体和带电体的两段空气间隙还具有防止带电体通过人体对接地体发生放电的作用。这两段空气间隙相加就是我们所说的组合间隙,采用中间电位作业法时,必须满足组合间隙的要求,其等电位作业人员与组合间隙的最小距离,根据《带电作业工具基本技术要求与设计导则》(GB/T 18037—2008),不同电压等级下的组合间隙要求见表 1-3。

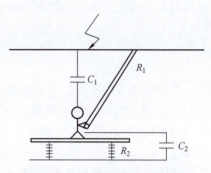

图 1-2 中间电位作业法示意图

表 1-3 各电压等级组合间隙值

电压等级 /kV	组合间隙 /cm
35	70
63(66)	80
110	120
220	210
330	310
500	400

(3)等电位作业法　等电位作业法是指作业人员与带电体处于同一电位下,人体直接接触设备带电部位进行作业的方法,是输电线路带电作业中常用的作业方法之一,也称为直接作业法。此时,作业人员与带电体的位置关系是"接地体—绝缘体—人体—带电体"。通常情况下,电压等级越高,采用等电位作业法的效率和安全性也越高。因此,在 220kV 及以上设备带电作业常用该种方法。

2. 移动电源法和旁路作业法

(1)移动电源法　移动电源法是带电作业中常用的一种安全措施,其基本原理是通过使用可移动的电源,在需要进行作业的区域提供临时的电力供应。这样,作业人员可以在脱离原有电源的同时,继续执行工作任务,作业完成后再恢复正常接线的供电方式,最后拆除移动电源,从而实现整个作业过程中用户少停电或者不停电。电网的很多作业例如更换导线、配电变压器等作业项目通常无法直接采用带电作业来完成,而移动电源法可以很好地完成作业任务。移动电源可以是应急电源车、移动发电车或者移动箱变车等。

(2)旁路作业法　旁路作业法是指通过旁路开关、旁路线路等临时载流设备,替代原来需要停电的设备,转而运行旁路线路,然后再对原来的线路进行停电检修、更换，等作业完成后再恢复成正常状态下的接线供电方式，拆除旁路线路和设备，从而实现用户侧的不停电的目的。

1.3　不停电作业技术的发展

1. 国内发展历程

我国的不停电作业的发展历程主要可以分为三个阶段。

（1）起步阶段　新中国成立初期，国民经济百废待兴，正处于用电量急剧提升，而发电量远远不足的情况。大型工业、产业对于连续供电有着迫切的需求，却因电力供应而受到了限制，一是供电量不足，二是常规的停电检修，为了解决设备或线路停电检修给生产生活造成的影响，开始发展不停电作业技术。1953年，鞍山电业局带电清扫、更换以及拆装配电设备或线路的简单工具研制成功。由此开始，从3.3kV配电线路到154~220kV输电线，从简单工具到带电更换绝缘子的全套工具研制成功。直到1958年，沈阳中心试验所着手研究人体直接接触带电设备或线路检修，并首次成功完成了人体直接接触220kV带电线路的等电位试验。这些努力为后来不停电作业在我国的蓬勃发展奠定了物质和技术基础。

（2）逐步普及阶段　20世纪60~80年代，我国不停电作业技术进入了逐步普及阶段。全国各地供电单位相继开始了不停电作业工具的研究和作业项目的开发工作。作业工具从最初简单的硬质工具向组合化、轻便化转换。作业项目也发展到带电更换导线、避雷线等领域。1973年，水利电力部在北京召开"全国带电作业现场表演会"，此次会议提交的《带电作业安全技术专题讨论稿》为统一全国带电作业安全工作规程奠定了技术基础。

（3）全面发展阶段　进入21世纪以来，国民经济快速发展，不停电作业在全国开始广泛推广应用，不停电作业的工具和技术都得到了迅速的发展，不停电作业的项目和应用次数也逐年提升。从简单的更换绝缘子、线夹和间隔棒等常规项目到移位杆塔、带电升高等复杂项目，近年来，又进一步开展了紧凑型线路、同塔多回线路和750kV线路带电作业的研究及应用。

2. 国外发展概况

当今世界，从国外先进国家不停电作业的发展情况来看，美国部分地区以及东京、巴黎等国际城市已经将不停电作业作为电网检修的主要方式，装置配备完善，通过全面普及不停电作业，达到了快速提升供电可靠性的效果。

美国不停电作业发展史最长，作业工具和作业方法最先进，带电作业机械化水平高，目前带电作业机器人和带电作业直升机已经成为美国不停电作业的主要工具。20世纪80年代，美国研制生产出一种称为TomCat的遥控操作机器人，并在电力生产中得到了一定范围的应用。俄罗斯的不停电作业开展最为广泛，作业项目也较多，几乎遍及6~1150kV的所有电压等级的输电网、配电网，尤其是作业工具和作业手段先进，已经形成了一整套完善的不停电作业体系。

与不停电作业先进的国家相比，我国不停电作业在作业方法和作业项目上还较为单一，作业工具也远不及国外先进，特别是中压配电线路的带电作业还相对落后。目前，我国不停电作业人员规模小于美国数十万人的水平，一线作业人员不足，工作负荷较重，且不同地区作业人员技术水平存在较大差异，无法完全满足不停电作业的要求。受制造工艺、绝缘材料等基础工业水平的限制，不停电作业常用的绝缘防护、绝缘斗臂车和遮蔽用具等器具装备主要依赖进口，缺乏性能优越、灵活高效的作业装备，不利于不停电作业的大规模推广应用。

1.4 开展不停电作业的意义

对供电企业而言，开展不停电作业对提高供电可靠性、减少社会停电损失有着重要作用，同时避免和减少各种停、送电操作，改善作业环境，客观上提高了人身安全和设备安全，进而提升企业的技术水平、服务水平和企业形象等，开展不停电作业的功效具体体现在以下六个方面：

1）是当前提高供电可靠性最直接、最有效的措施。目前，我国还处于工业化、城镇化建设的快速发展阶段，电网改造、业扩接电工程占了很大的比例，由此可见，不停电与停电两种不同作业方式产生截然相反的结果，采用不停电作业能保证向用户不间断供电，是提高供电可靠性的最有效措施。

2）具有良好的经济效益和社会效益。停电不仅使供电企业、发电厂因减少供电量造成自身直接损失，减少发供电企业的营业收入，延长电力投资回收周期，同时停电也直接影响了用户的生产、生活，造成用户的停电损失，甚至影响社会稳定。以福建某城市为例，2017年带电作业次数为1053次，增加供电量1528.64万 $kW \cdot h$，减少用户停电损失3.05亿～9.17亿元；同时按平均销售电价0.6元/$(kW \cdot h)$计算，则供电企业增加售电收入近亿元。

由此可见，开展不停电作业，多供少停，供电企业增加售电收入，提高经济效益，减少用户停电损失，企业效益和社会效益十分明显。

3）大大提高了劳动效率，同时在一定程度上也提高了作业的安全性。常规的停电作业除了现场施工安装外，作业前应对作业范围内的电力线路或设备通过倒闸操作进行转电、停电，验电后装设接地线并设置现场安全措施，作业完毕后再拆除所有接地线，通过倒闸操作恢复送电。这些保证安全的技术措施是必不可少的，而且要遵循正确的作业顺序，才能确保作业人员和操作人员的人身安全。对简单的辐射型配电网来说，作业前设置安全措施和作业后拆除安全措施以及停送电，通常要花费操作人员超过1h（含路程）的时间，若是多分段、多联络等接线复杂的配电网，线路设备及地点多而分散，花上2～3h是常见的事，这样，既耗时又耗力，同时在倒闸操作和设置现场安全措施时，若工作不到位或有所疏忽，如发生误操作,都可能带来安全生产事故,甚至造成人身伤害。

而采用不停电作业,无需停、送电的倒闸操作,现场安全措施设置地点固定,而且操作简单,减少了工作量和时间,提高了劳动效率,同时不停电作业程序规范,作业现场严格管控,专人专职监护,安全作业水平高。

4)提升服务效能和质量,树立良好的企业形象。供电企业经常要面对新增用户在业扩报装时希望尽快接入电网供电,市政和城镇建设涉及迁杆移线时迫切希望早日得到实施等。这些作业按照传统的作业方法是有计划的停电作业,为此,要整合各类计划停电,做到"月度控制,一停多用",这样势必拖长实施时间,同时也增加了停电时间。实施不停电作业,坚持"能带不停"、快速地满足各类涉及电网的作业需要,从而提高了服务效能和质量,更好地体现供好电、服好务的宗旨,树立了供电企业的良好形象。

5)促进检修方式的进步,更好地保障电网安全。实现不停电作业,电网线路和设备的检修方式就不再局限于传统的停电方式,采用带电检修、旁路替代运行等均可实现对需要检修的线路或设备及时检修,不需等待停电计划,线路或设备缺陷和隐患得到及时消除,缩短了电力设施"带病"运行时间,有效地保障了电网设备的安全运行。

6)促进配电装置的标准化。不停电作业受线路装置和天气等外部环境的制约,对配电线路和设备装置标准化要求提高了,如杆型设计、材料和设备的选型、装配等都要求尽量标准化,由此,带动整个配电装置的标准化。

1.5 本章小结

不停电作业旨在实现用户不停电或短时停电,涵盖带电作业法、移动电源法和旁路作业法等方式。带电作业法按作业人员与带电体电位关系分为地电位、中间电位和等电位作业法,按接触关系分为直接和间接作业法,各方法有其特点及安全要求。

我国不停电作业发展历经起步、普及和全面发展阶段,虽取得进步,但与技术先进国家相比,在作业方法、项目、工具及人员等方面仍存在差距。

不停电作业对供电企业意义重大,可提高供电可靠性、带来经济社会效益、提升劳动效率与作业安全性、增强服务效能质量、推动检修方式进步并促进配电装置标准化,是电力系统发展的重要方向。

第 2 章

配电网及其作业技术

2.1 引言

在当今社会，电力已成为支撑现代生活和经济发展的核心能源。配电网作为电力系统中直接面向用户的关键环节，其运行的稳定性和可靠性直接关系到社会生产生活的方方面面。从工业生产线上的精密设备到居民日常生活中的各类电器，都依赖于配电网持续、稳定的供电。

配电网的构成复杂多样，包括各种配电设施和二次系统，其接线方式的选择影响着供电的可靠性和经济性。架空配电线路和电缆线路则是电能传输的重要通道，它们由众多元件构成，每个元件都在电能的输送和分配过程中发挥着不可或缺的作用。例如，导线负责电能的传输，绝缘子保障线路的绝缘性能，杆塔为线路提供支撑等。

随着用户对供电质量要求的日益提高，停电带来的影响越发显著。因此，深入研究配电网及其作业技术，特别是配网不停电作业技术，对于减少停电对用户的影响、提高供电可靠性、保障电力系统的安全稳定运行具有重要意义。这不仅有助于满足社会经济发展对电力的需求，还能提升电力企业的服务质量和社会形象。

2.2 配电网的基本概念及构成

2.2.1 配电网的基本概念

配电网是指从输电网（或本地区发电厂）接受电能，就地或逐级向各类用户供给和配送电能的电力网。组成配电网的配电设施主要包括变电站、配电线路、开关站、配电所（站或室）、断路器、负荷开关、隔离开关、配电变压器（杆上或户内）等。配电网及其二次保护、监视、测量与控制设备组成的整体称为配电系统。配电系统直接连接用户，因此，对配电系统的基本要求是供电安全可靠、电能质量合格、运行维护成本低、电能损耗小，同时配电设施要与周围环境相协调等。

配电网根据所在地域或服务对象的不同，可分为城市配电网与农村配电网；根据配电线路类型的不同，可分为架空配电网与电缆配电网；根据电压等级的不同，可分为高压配电网、中压配电网、低压配电网。在我国，高压配电网的电压一般采用 110kV 与 35kV，东北地区使用 66kV；中压配电网的电压是 10kV、20kV（大用户企业配电系统有的采用 6kV）；低压配电网的电压一般为三相四线制 380V、单相两线制 220V。

输电网与配电网划分示意图如图 2-1 所示。发电厂发出的电能通过各电压等级的电网，经过输、变、配电环节送到用户，连接在高压配电网的各个高压/中压（HV/MV）变电站分别向各自对应的中压配电网供电。工矿企业等大用户可由高压配电网或中压配电网直接供电，居民、商业等普通用户一般连接到低压配电网上，并由中压配电网上的配电变压器供电。图 2-1 中标出了输电网与配电网划分示意，二者之间的分界点是高压变电站的低压侧母线，而配电网与用户的分界点是用户进线处（产权分界点）；同时随着分布式电源（风力发电、光伏及储能）接入配电网，配电网由传统的无源配电网发展为电能双向流动的有源配电网。

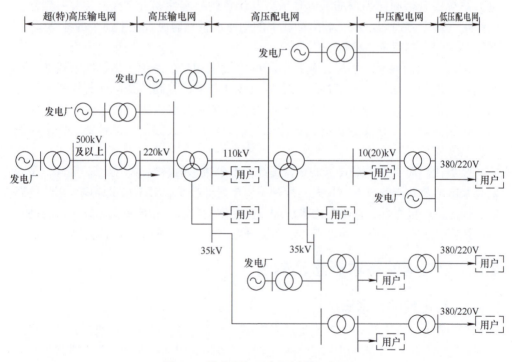

图 2-1 输电网与配电网划分示意图

配电网二次系统主要包括继电保护与自动控制系统、远程监控与管理信息系统、计量系统等，完成配电网的保护、测量、调节、控制等功能。

配电网直接连接用户，是确保供电质量的最直接、最关键的环节，同时还具有如下特点：

1）用户遭受的停电绝大部分是由配电环节造成的。供电可靠性统计表明，扣除系统容量不足限电因素，因配电环节造成的停电，占总停电事件的 95% 左右（其中，中低压配电占近 90%），而高电压输变电环节造成的停电仅占 5% 左右。

2）电网一半以上的传输电能损耗发生在中低压配电网。

3）配电网保护、控制装置的配置相对要简单一些，技术要求也相对低一些。如允许继电保护装置延时动作切除配电线路末端的故障，而在输电线路上任何一点发生故障时，都要求继电保护装置快速动作。

4）中压配电网一般采用辐射型或环网开环运行的供电方式，分支线路大都是采用 T 接，低压配电网则一般采用辐射型的供电方式。

5）配电网设备整体运行效率低。据有关资料，美国电网的荷载率为 55% 左右，而其中占整个电网总资产 75% 的配电网资产的利用率更低，年平均荷载率仅约为 44%。我国则更低，多数城市 10kV 配电线路和变压器的年平均荷载率在 30% 左右。

6）配网设备遍布城市和农村，是城乡公共基础设施的组成部分，同时受市政建设和用户负荷发展的影响，网络结构与设备变动相对频繁。

由此可见，配电网运行状况直接影响用户供电可靠性，要进一步提高供电质量和电网运行效率，必须在配电系统上下功夫，加强配电系统技术创新与管理工作。

2.2.2 配电网的构成

1. 配电网的接线方式

中压配电网是指由中压配电线路和配电设备组成的向用户提供电能的配电网。中压配电网的功能是从输电网或高压配电网接受电能，向中压用户供电，或向各用户小区负荷中心的配电变压器供电，再经过降压后向下一级低压配电网提供电源。低压配电网是指由低压配电线路及其附属配电设备组成的向用户提供电能的配电网。低压配电网以中压配电网的配电变压器为电源。

（1）中压配电网的接线方式 中压配电网主要有辐射型、环网型等典型的接线方式。

1）辐射型。辐射型是指一路馈线由变电站母线引出，按照负荷的分布情况，呈辐射式延伸出去，线路没有其他可联络的电源，如图 2-2 所示。辐射型有时称为树干式或放射式，它的优点是简单、投资较小、维护方便；但是供电可靠性较低，适合于农村、乡镇和供电可靠性要求不高的区域。

2）环网型接线。普通环网型接线

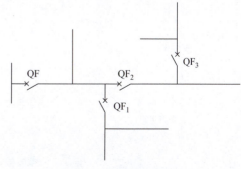

图 2-2　辐射型接线图

是指来自不同变电站（或同一个变电站的不同母线段）的两路馈线，利用柱上开关或环网单元连接成"手拉手"环式的接线方式，如图 2-3 所示，联络开关 QF_L 通常为开环运行。这种接线方式简单清晰、供电可靠性较高，投资比辐射型要高些，馈线输送容量的利用率较低，但配电线路停电检修可以分段进行，大大提高供电可靠性，适合于城市配电网，乡镇也可采用。

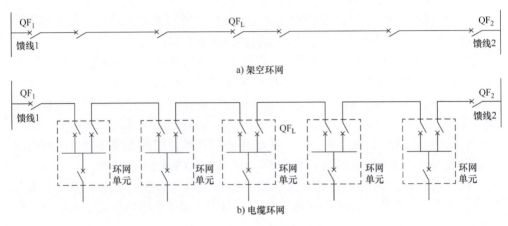

图 2-3　环网型接线图

3）多分段、多联络接线。多分段、多联络是指每路馈线的每个分段均有联络电源可转供电的接线方式，如图 2-4 所示，一般以三分段三联络为主。这种接线供电可靠性和馈线输送容量的利用率较高，综合投资较小，但配电线路检修停电较复杂，架空线路较常采用。

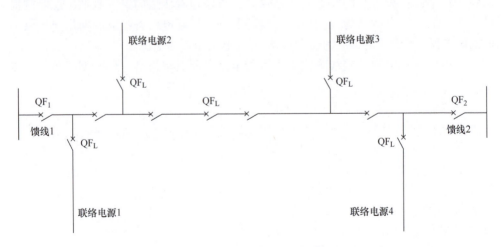

图 2-4　多分段、多联络接线图

为了提高馈线输送容量的利用率,还可采用两供一备等方式的多环网接线,如图 2-5 所示,有一路专门用于备用的馈线可转供电,馈线输送容量的综合利用率可由 50% 提高到 66.7%。

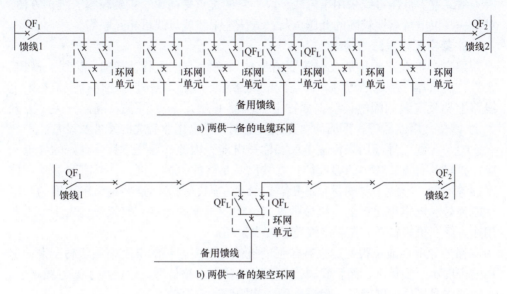

图 2-5 两供一备的环网接线图

4）双 T 辐射型的接线方式。双 T 辐射型是指每路馈线为辐射型的供电方式,而每个用户由两路及以上的馈线（来自不同变电站或同一个变电站的不同母线段）分别 T 接引入主、备电源,形成 TT 型供电的接线方式,如图 2-6 所示,由于每个用户至少有两个电源,因此供电可靠性很高。

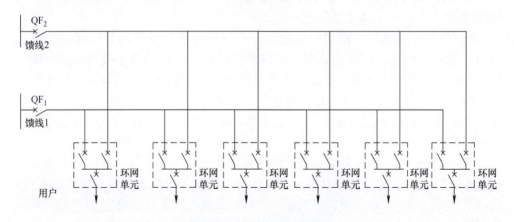

图 2-6 双 T 辐射型接线图

（2）低压配电网的接线方式　低压配电网一般采用辐射型接线方式，即低压线路由配电变压器低压侧引出，按照负荷的分布情况，呈放射式延伸出去，线路没有其他可联络的电源，只能由单一的路径与单一的方向供电的接线方式，配电所（站或室）低压母线采用单母线分段。它的优点是简单、投资较小、维护方便。对于一些供电可靠性较高的低压负荷，低压主干线或母线可相互联络。

2. 架空配电线路的构成

架空配电线路的构成元件主要有导线、绝缘子、杆塔、基础、拉线、横担、金具、避雷器、接地装置等。架空配电线路除了线路本身外，还包括在架空配电线路上架设安装的配电设备，如柱上变压器（台）、柱上开关、隔离开关（刀开关）、跌落式熔断器等，下面简要介绍与配网不停电作业有关的元件及设备。

（1）导线　导线用来传输电流和输送电能，因此，导线应具有良好的导电性能、较轻的自重、较小的温度伸长系数以及足够的机械强度，并具有耐振动和抗腐蚀等性能。导线主要的材料有铝、铝合金、铜、钢等。这些材料中，铜的导电性能最好、电阻率比铝低、机械强度高，但我国铜的产量和储量都比较少，工业用途广泛，价格较高，在架空线路上较少采用。

铝的导电性能也很好，也有较强的抗氧化能力。铝的电阻率虽然高于铜，但铝的密度小、质量小，而且我国铝的资源丰富、价格低廉，广泛用于架空线路上。铝的缺点是机械强度较低，耐酸、碱、盐的腐蚀能力较差。

钢芯铝绞线是以钢线为线芯，外面再绞上多股铝线，它既利用了铝线良好的导电性能，又利用了钢绞线的高机械强度。

1）导线。裸导线的规格型号由导线材料及结构和标称截面积两大部分组成，中间用"-"隔开。前一部分用汉语拼音的第一个字母表示：T 代表铜，L 代表铝，J 代表多股绞线；后一部分用数字表示导线的标称截面积，单位是 mm^2。如 TJ-50 代表 50mm^2 的铜绞线，GJ-70 代表 70mm^2 的钢绞线，LJ-70 代表 70mm^2 的铝绞线，LGJ-70 代表 70mm^2 的钢芯铝绞线。

2）橡塑绝缘电线。橡塑绝缘电线是在铜绞线或铝绞线的外层注塑橡皮或聚氯乙烯作为绝缘，使导线具有一定的绝缘性能，它的绝缘等级和抗老化能力低，其绝缘层易老化脆裂。线芯选用的是软铜线或软铝线，不适宜大档距架空敷设，因此，一般仅在低压架空接户线使用。其型号有：BLX 代表铝芯橡皮绝缘线、BLV 代表聚氯乙烯铝芯绝缘线、BX 代表铜芯橡皮绝缘线、BV 代表聚氯乙烯铜芯绝缘线。

3）架空绝缘导线。架空绝缘导线又称架空绝缘电缆，是以耐候型绝缘材料作外包绝缘，由导体、半导电屏蔽层、绝缘层组成。导体的材料有钢芯铝绞线、铝绞线和铜绞线。耐候型材料一般采用耐候型聚氯乙烯、聚乙烯或交联聚乙烯等。绝缘导线主要用于架空敷设，线芯一般采用紧压的硬铜或硬铝线芯。

架空绝缘导线的规格型号由导线材料及结构、电压等级和标称截面积三大部分组成,中间用"-"隔开。

① 第一部分代表导线材料及结构,用汉语拼音的字母组合表示为:J—代表绝缘,K—代表架空,L—代表铝,Y—代表交联,J—代表多股绞线。

② 第二部分为电压等级,单位为 kV。

③ 第三部分用数字表示导线的标称截面积,单位为 mm^2。

常用的导线材料有:JKYJ 代表铜芯交联聚乙烯绝缘架空电缆,JKLYJ 代表铝芯交联聚乙烯绝缘架空电缆等。如 JKLYJ-10-50 代表 50mm^2 的 10kV 铝芯交联聚乙烯绝缘架空导线,又如 JKLYJ-1-50 代表 50mm^2 的 1kV 铝芯交联聚乙烯绝缘架空导线。

4)平行集束导线。平行集束导线的全称是平行集束架空绝缘电缆,是用绝缘材料连接筋把各条绝缘导线连接在一起而构成的。导体有铜芯、铝芯两种;绝缘材料有耐候聚氯乙烯、耐候聚乙烯、交联聚乙烯三种;结构型式分为方型(BS_1)、星型(BS_2)和平型(BS_3)三种。常用的低压四芯铝芯平行集束导线型号为 BS-JKLY-0.6/1。

5)导线截面积。在各种气象条件下,要保证线路的安全运行,导线必须满足相应的电气性能、机械强度、抗腐蚀性能,并保持一定的空气间隙和绝缘水平。近年来绝缘导线的大量采用,提高了配电线路的安全性、可靠性,增强了配电线路抵御异物短路和恶劣自然环境的能力。架空导线除了在运行中承受自重的荷载、风压以外,还承受温度变化及冰雪、风力等外荷载,这些荷载可能使导线承受的拉力大大增加,导线截面积越小,承受外荷载的能力越低,为了保证安全,导线应有一定的抗拉机械强度,在大风、冰雪或低温等不利气象条件下不致发生断线事故。设计规程规定,导线截面积一般不宜小于表 2-1 所列数值。

表 2-1 导线最小截面积参考表 (单位:mm^2)

导线种类	中压配电线路			低压配电线路		
	主干线	分干线	分支线	主干线	分干线	分支线
铝绞线 铝合金线	120	70	35	70	50	35
铜绞线	95	50	16	70	35	16
钢芯铝绞线	120	70	35	70	50	35

6)导线的应力和弧垂。导线的应力和弧垂的大小是相互联系的,弧垂越大,导线的应力越小;反之,弧垂越小,应力越大。由此可见,在架设导线时,导线的松紧程度直接关系到弧垂,关系到导线及杆塔的受力大小和导线对被跨越物及地面的距离,影响到线路的安全性与经济性。从导线强度的安全角度出发,应加大弧垂,从而减少应力,以提高安全系数;但是,若弧垂大了,则为保证带电

导线的对地安全距离，在档距相同的条件下，必须增加杆高或缩短档距，结果使线路建设投资增加。同时在线间距离不变的条件下，增大弧垂也就增加了运行中发生混线事故的概率。所以，导线的弧垂是线路设计、施工和运行中的重要技术参数。

（2）杆塔　按所用材料不同可分为木杆、钢筋混凝土杆、铁塔和钢管杆。钢筋混凝土电杆由钢筋混凝土浇制而成，俗称水泥电杆，按照机械强度分为普通型杆和预应力杆，按照水泥电杆的形状分为拔梢杆和等径杆。使用最多的为拔梢杆，也称锥形杆，其拔梢度为 1∶75。水泥电杆的规格型号由长度、梢径、荷载级别组成，常用的水泥电杆长度有 6m、8m、9m、10m、12m、15m，有整根和组装杆；梢径一般有 150mm、190mm 和 230mm，等径杆通常有 300mm。此外，预应力混凝土电杆用"Y"表示，部分预应力混凝土电杆用"BY"表示，不同标准检验荷载用 Q1、Q3、A、B、C、D⋯代号表示。

杆塔按照在架空线路中的用途分为直线杆、耐张杆、转角杆、终端杆、分支杆等。

1）直线杆。用在直线段线路中间，以支持导线、绝缘子、金具，承受导线的自重和水平风力荷载，但不能承受线路方向导线张力。

2）耐张杆。即承力杆，它要承受导线水平张力，同时将线路分隔成若干个耐张段，以加强机械强度，限制倒杆断线的范围。

3）转角杆。为线路转角处使用的杆塔，正常情况下除承受导线等垂直荷载和内角平分线方向水平风力荷载外，还要承受外角平分线方向拉线全部拉力的合力。

4）终端杆。为线路终端处的杆塔，除承受导线的自重和水平风力荷载外，还要承受顺线路方向全部导线的合力。

5）分支杆。为线路分支处的杆塔，除承受直线杆塔所承受的荷载外，还要承受分支导线等的垂直荷载、水平风力荷载和分支线方向导线及拉线的全部拉力。

（3）绝缘子　绝缘子俗称瓷瓶，其作用是使导线和杆塔绝缘，同时还承受导线及各种附件的机械荷载。通常，绝缘子的表面被做成波纹形，按照材质分为陶瓷和合成绝缘子，中压架空配电线路常用的绝缘子有针式绝缘子、蝶式绝缘子、悬式绝缘子、瓷横担绝缘子、支柱式绝缘子和瓷拉棒绝缘子，低压线路用的低压绝缘子有针式和蝶式两种，如图 2-7 所示。

（4）横担　横担用于支持绝缘子、导线及柱上配电设备，保证导线间有足够的相间距离，因此横担要有一定的强度和长度。常用的横担为角铁横担，应采用热镀锌防腐处理。

规格第一个数字代表角铁的两等边直角边的长度，第二个数字代表厚度，第三个数字代表长度，如∠63×5×1300。常用横担的角铁规格有∠80×8、∠75×5、∠63×5、∠50×5。

第 2 章　配电网及其作业技术

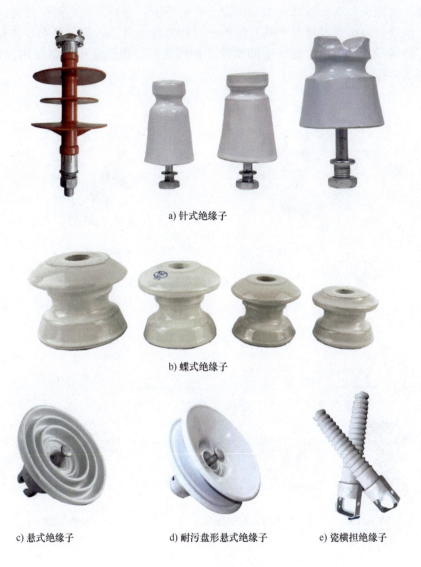

图 2-7　绝缘子的外形图

（5）金具　用于连接、紧固导线的金属器具，具备导电、承载、固定的金属构件，统称为金具。按其性能和用途大致可分为：悬垂线夹与耐张线夹、连接金具、绝缘导线金具、接续金具、保护金具和拉线金具等六类。悬垂线夹与耐张线夹、绝缘导线金具、C形线夹和预绞式护线条在带电作业中经常使用，如图2-8和图2-9所示。

a) XGU型悬垂线夹

b) 螺栓型耐张线夹

图2-8　悬垂线夹与耐张线夹

a) 普通楔形耐张线夹

b) 带绝缘罩的楔形耐张线夹

c) 验电接地环

d) 穿刺线夹

e) C形线夹

f) 预绞式护线条

图2-9　绝缘导线的金具

C形线夹采用C形和楔块的独特结构,与所连接的导线共同构成一个"同呼吸"的能量储存系统。当楔块在外力作用下时,将导线压紧在线夹壳体和楔块之间。当导线热胀冷缩时,C形壳体具有弹性,始终保持线夹与导线之间持久而恒定的接触压力,它不随着外界环境及荷载条件的变化而变化,满足了接续连接的最佳电气性能,广泛应用于铝线、铜线、钢线及其合金导线的多种组合连接。

预绞式护线条采用具有弹性的铝金丝,预绞成螺旋状,紧紧包住导线产生握紧力,以提高导线的耐振性能。预绞式护线条用来保护导线免受振动、线夹压应力、摩擦、电弧造成的损伤和一切外来的其他损伤,可作为修补条,用来修补已受到损伤的导线,使它恢复原来的机械强度及导电性。

(6)避雷器 避雷器是一种能释放过电压能量、限制过电压幅值的保护设备。避雷器应装在被保护设备附近,跨接于其端子之间。避雷器按工作元件的材料分为碳化硅阀式避雷器、金属氧化物避雷器,户外配电线路常用的金属氧化物避雷器如图2-10所示。

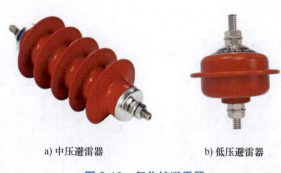

a) 中压避雷器　　b) 低压避雷器

图2-10　氧化锌避雷器

(7)配电变压器及其台架 变压器是一种变换电压的静止电器,它通过电磁感应原理,把某种频率的交流电压转换成同频率的另一种交流电压。配电变压器可以按相数、绕组数、冷却方式等特征分类。按相数分为单相变压器和三相变压器;按绕组数分为双绕组变压器和自耦变压器;按冷却方式分为干式变压器和油浸式变压器;按调压方式分为有载调压变压器和无载调压变压器。配电变压器的常用连接组别有Yyn0接线和Dyn11接线等,二次侧中性点直接接地。典型配电变压器外形图如图2-11所示。

变压器的安装方式主要有柱上变压器安装、落地式变压器安装、室内变压器安装和箱式变压器安装。柱上变压器安装在配电网中最为常见,是将油浸式配电变压器安装在由线路电杆组成的变压器台架(变台)上,它可分为单杆式变台和双杆式变台。柱上变压器具有施工安装简单、运行维护方便的优点,因此,变压器容量在400kVA及以下一般采用柱上安装。

a) 普通油浸式配电变压器

b) 全密封油浸式变压器

c) 环氧树脂浇注固体绝缘干式变压器

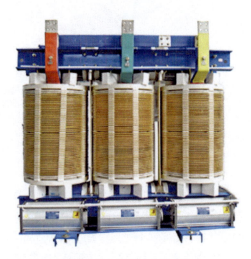
d) 非包封空气绝缘干式变压器

图 2-11 典型配电变压器外形图

变压器台架应尽量避开车辆、行人较多的场所，便于变压器的运行与检修，在电杆转角、分支电杆、装有线路开关的电杆、装有高压接户线或高压电缆头的电杆、交叉路口的电杆和低压接户线较多的电杆处不宜装设变台。

1）双杆变台。将变压器安装于由线路的两根电杆组装成的变台，如图 2-12a 所示。它通常在距离高压杆 2～3m 远的地方再另立一根电杆，组成 H 形变台，在离地 2.5～3m 高处用两根槽钢搭成安放变压器的水平架子，杆上还装有横担，以便安装户外高压跌落式熔断器、高压避雷器、高低压引线和低压隔离开关（刀开关）。

2）单杆变台。将变压器安装于由一根线路电杆组装成的变台，如图2-12b所示，适用于容量较小的变压器。通常在离地面2.5~3m的高度处，装设两根角铁横担作为变压器的台架，在距台架1.7~1.8m处装设横担，以便装设高压绝缘子、跌落式熔断器及避雷器。

a) 双杆变台　　b) 单杆变台

图2-12　配电变压器台架图

（8）各类柱上开关设备

1）柱上开关。开关是指通过开启和关闭可使电路开路或接通，使电流中断或通过的电力设备的统称。按不同使用功能分为断路器、负荷开关、重合器、分段器。

断路器是一种反应故障电流后按照整定电流和时间跳闸的开关，它能开断、关合短路电流；负荷开关是一种用来切断额定负荷电流的开关，它不能开断短路电流但能关合短路电流；重合器是一种自具控制及保护功能的开关设备，能够按照预定的开断和重合顺序实现自动开断和重合操作；分段器是一种能记录故障电流次数并当次数达到预设值后自动分闸（在无电压无电流时）并闭锁的开关，它不能开断、关合短路电流，通常与电流型重合器配合使用。

开关的结构很多，形式各样，常用的柱上开关外形如图2-13所示。柱上开关安装图如图2-14所示，一般安装要求对地距离不小于4.5m，各引线相间距离不小于300mm（20kV线路不小于500mm）。

a) ZW8型真空断路器　　　b) ZW32型真空断路器　　　c) LW3型六氟化硫断路器

图 2-13　常用的柱上开关外形

图 2-14　柱上开关安装图

2）跌落式熔断器。跌落式熔断器由绝缘套管、熔丝管和熔丝元件三部分构成，如图 2-15 所示，在熔丝管内装有用桑皮纸或钢纸等制成的消弧管。跌落式熔断器的作用是当下一级线路设备短路或过负荷时，熔丝熔断，跌落式熔断器自动跌落断开电路，确保上一级线路仍能正常供电。熔丝熔断，跌落式熔断器自动跌落后有一个明显的断开点，以便查找故障和检修设备。高压跌落式熔断器用于高压配电线路、电力变压器、电压互感器、电力电容器等电气设备的过载及短路保护。

跌落式熔断器应安装在横担上，如图 2-16 所示，横担应有足够的强度，还要保证三相相间距离及对地距离要求。跌落式熔断器进出线应用绝缘子固定并保持相间及对地距离，连接应用专用设备线夹，接触牢固。

第 2 章　配电网及其作业技术

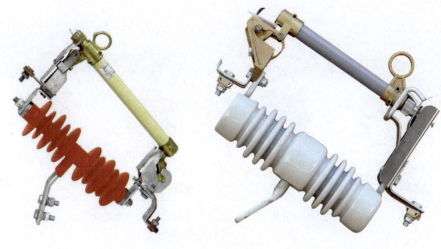

a) HRW11-10型(复合绝缘子底座)　　b) RW11-10型(瓷绝缘子底座)

图 2-15　跌落式熔断器

图 2-16　跌落式熔断器安装图

3）柱上隔离开关（刀开关）。隔离开关的结构由导电部分、绝缘部分、底座部分组成，如图 2-17 所示。隔离开关无灭弧能力，不允许带负荷分闸和合闸。但它断开时可形成可见的明显开断点和安全距离，保证停电检修时工作人员的人身安全，因此又俗称隔离刀开关，主要装在高压配电线路的出线杆、联络点、分段处、不同单位维护的线路分界点处。

21

a) 瓷绝缘支柱隔离开关　　　　b) 硅橡胶绝缘支柱隔离开关

图 2-17　柱上隔离开关（刀开关）

3. 配电电缆线路的构成

电缆线路是指采用电缆输送电能的线路，它主要由电缆本体、电缆中间接头、电缆终端头等组成，还包括相应的土建设施，如电缆沟、排管、竖井、隧道等。电力电缆及终端头是配网不停电作业中旁路作业常用的元件。

电力电缆的基本结构由导体、绝缘层、护层（包括护套和外护层）三部分组成，如图 2-18 所示。中压电缆主绝缘包括内半导电屏蔽层、绝缘层、外半导电屏蔽层三层结构。电缆采用铜或铝作为导体；绝缘体包在导体外面起绝缘作用，可分为纸绝缘、橡皮绝缘和塑料绝缘三种；护套起保护绝缘层的作用，可分为铅包、铝包、铜包、不锈钢包和综合护套；外护层一般起承受机械外力或拉力作用，防止电缆受损，主要有钢带和钢丝两种。电缆终端头是电力电缆线路两端与其他电气设备连接的装置，如图 2-19 所示。

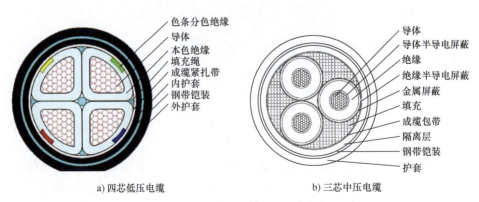

a) 四芯低压电缆　　　　　　　b) 三芯中压电缆

图 2-18　电力电缆结构示意图

第 2 章 配电网及其作业技术

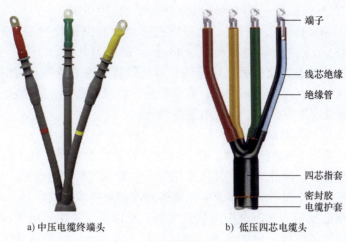

a) 中压电缆终端头　　　　　　b) 低压四芯电缆头

图 2-19　电缆终端头

常用电力电缆的分类方法如下：

1）按电压等级分类。电压等级有两个数值，用斜杠分开，斜杠前的数值是相电压值，斜杠后的数值是线电压值，中低压配电网中常用电缆的电压等级有 0.6/1kV、3.6/6kV、6/10kV、8.7/10kV、8.7/15kV、12/20kV、18/20kV、18/30kV 等。

2）按导体材料分类。电力电缆分为铜芯电缆和铝芯电缆两种。

3）按导体标称截面积分类。我国电力电缆的标称截面积系列为 $1.5mm^2$、$2.5mm^2$、$4mm^2$、$6mm^2$、$10mm^2$、$16mm^2$、$25mm^2$、$35mm^2$、$50mm^2$、$70mm^2$、$95mm^2$、$120mm^2$、$150mm^2$、$185mm^2$、$240mm^2$、$300mm^2$、$400mm^2$ 等。

4）按导体芯数分类。电力电缆导体芯数有单芯、二芯、三芯、四芯和五芯共五种，四芯或五芯的中性线和保护线可与相线的截面积相同或不同，中压电缆多为单芯和三芯。

5）按绝缘材料分类。电力电缆分为油浸纸绝缘电缆和塑料挤包绝缘电缆。

电力电缆的型号表示方法如下：

1）用汉语拼音第一个字母的大写分别表示绝缘种类、导体材料、内护层材料和结构特点。

2）用数字表示外护层构成，有两位数字。第一位数表示铠装，无数字代表无铠装层；第二位数表示外被，无数字代表无外被层、内护层、外护层。

3）电缆型号按电缆结构的排列一般按下列次序：绝缘材料、导体材料、内护层、外护层。

4）电缆产品用型号、额定电压和规格表示。其方法是在型号后再加上说明额定电压、芯数和标称截面积的阿拉伯数字。

如 VV_{42}-10-3×50，表示铜芯、聚氯乙烯绝缘、粗钢线铠装、聚氯乙烯护套、额定电压10kV、三芯、标称截面积为50mm²的电力电缆。

YJV$_{32}$-1-4×150 表示铜芯、交联聚乙烯绝缘、细钢丝铠装、聚氯乙烯护套、额定电压1kV、四芯、标称截面积为150mm²的电力电缆。

电缆的敷设方式应根据电压等级、最终数量、施工条件及初期投资等因素确定，主要的敷设方式有直埋敷设、排管敷设、电缆沟敷设、隧道敷设、桥架敷设、电缆竖井敷设、架空敷设、海底电缆敷设等。

4. 其他常用配电装置

前面已介绍了配电变压器、柱上开关、跌落式熔断器、柱上隔离开关（刀开关）等配电装置，除此之外，其他常用配电装置还包括配电盘柜、户外环网单元、电缆分支箱等，是在不停电作业中电源旁路改接时将涉及的设备。

（1）配电盘柜　配电盘柜又称开关柜，是以开关为主的电气设备，将中低压电器（包括控制电器、保护电器、测量电器）以及母线、载流导体、绝缘子等装配在封闭的或敞开的金属柜体内，作为接受和分配电能的配电装置，又称成套开关柜或成套配电装置。

1）中压开关柜。按功能可分为进线柜、馈线柜、联络柜、TV柜、计量柜等；按断路器安装方式分为移开式（手车式）和固定式。常用的中压开关柜有GGX2箱型固定式金属封闭开关设备、JYN间隔移开式金属封闭式开关设备（又称落地式手车柜）、KYN铠装金属封闭开关设备（又称中置式手车柜）、C-GIS柜式气体绝缘金属封闭开关设备（国际上简称C-GIS，俗称充气柜），如图2-20所示。

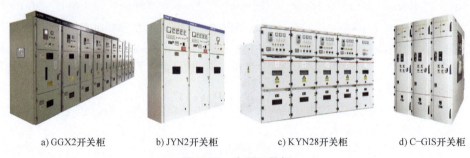

a) GGX2开关柜　　b) JYN2开关柜　　c) KYN28开关柜　　d) C-GIS开关柜

图2-20　中压开关柜

2）低压开关柜。低压开关柜是由刀开关、低压断路器（俗称自动空气开关）、熔断器、接触器、避雷器和监测用各种交流电表及控制电路等组成，并根据需求数量组合装配在箱式配电柜体内的配电装置。

按开关柜的功能来分有进线柜、馈线柜、联络柜、计量柜、无功补偿柜等；按结构的不同，分为固定式低压开关柜和抽屉式低压开关柜两种，固定式低压开关柜常用型号主要有PGL和GGD两种，抽屉式低压开关柜常用型号主要有GCK、GCL和GCS三种，如图2-21所示。

第 2 章　配电网及其作业技术

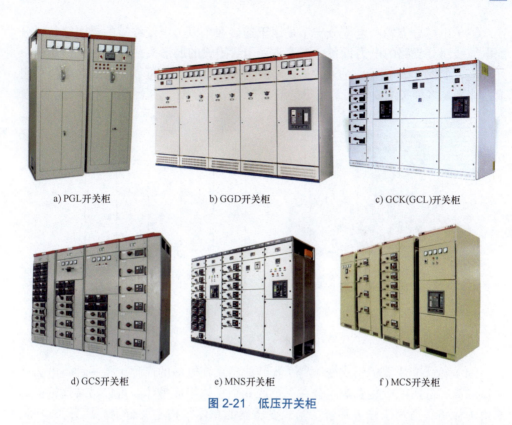

图 2-21　低压开关柜

（2）户外环网单元　户外环网单元，又称环网站，它是由两路以上的开关［负荷开关、负荷开关与熔断器组合电器、断路器（或负荷开关）组合］与硬母线共箱密闭在同一个充有 SF_6 的不锈钢金属外壳气室内组成的预装式组合电力设备，如图 2-22 所示，采用 SF_6 作为灭弧介质和绝缘介质，开关的出线套管及终端头也采用全绝缘、全密封，适用于户外环境。

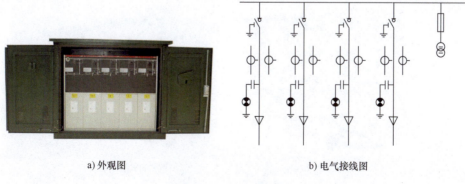

图 2-22　户外环网单元

25

（3）电缆分支箱　电缆分支箱是用于连接两个以上电缆终端的封闭箱，以分配电缆线路分支路的电力设备，终端头采用封闭式的肘形头或T形头，适用于户外环境，如图2-23所示。它由2～8路的进出线及其连接母线、电缆终端接头组成，能满足多种接线要求，常用于电缆分支线，不宜用于主干线。

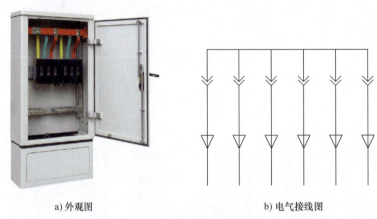

a）外观图　　　　　　　　　　　b）电气接线图

图2-23　电缆分支箱

（4）箱式变压器　箱式变压器（预装式箱式变电站的简称）是一种将电力变压器和高、低压配电装置等组合在一个或几个柜体组成整体，可以吊装运输的箱式电力设备，适用于户外环境。箱式变压器的总体结构主要分为高压开关设备、变压器及低压配电装置三大部分。高压开关设备所在的室一般称为高压室，变压器所在的室一般称为变压器室，低压配电装置所在的室称为低压室，这三个室在箱式变电站中可呈"目"字形布置和"品"字形布置。箱式变电站由多件单独设备根据使用者需要组合，因此有各种形式和功能，根据其结构的不同可分为美式箱式变电站、欧式箱式变电站、地埋式变电站，如图2-24所示。

a）美式箱式变压器　　　　　　　b）欧式箱式变压器

图2-24　箱式变压器

第 2 章 配电网及其作业技术

美式箱式变电站是将变压器、负荷开关、保护用熔断器等设备统一设计，变压器的绕组和铁心、高压负荷开关及保护用熔断器都在同一充满油的箱体内，没有相对独立的高低压开关柜。箱体为全密封结构，采用隐蔽式高强度螺栓及硅胶来密封箱盖，而低压室另外独立设置于油箱外。

欧式箱式变电站（预装式变电站）是将高压开关设备、变压器和低压配电装置放置在三个不同的隔室内，通过电缆或母线来实现电气连接的设备。高低压开关柜相对独立紧凑组合并与变压器预装在可以吊装运输的箱体内，变压器室、高压室及低压室都装有独立的门，因而其体积比美式箱式变电站大。

地埋式变电站是一种将变压器、高压负荷开关和保护熔断器等安装在油箱中的紧凑型组合式全密封的配电设施，如图 2-25 所示，安装时置于地坑中。

图 2-25 地埋式变压器

（5）常用低压开关

1）低压刀开关。低压刀开关通常是由绝缘底板、动触头（闸刀）、静触头（刀夹座）和操作手柄组成，以接通（或分断）电路的一种开关，又称刀开关或隔离开关，是一种最简单而使用又较广泛的低压电器，可采用壁挂式安装，也可固定安装在小型配电箱内。其主要用途是隔离电源，在电气设备维护检修需要切断电源时，使之与带电部分隔离，并保持足够的安全距离，保证检修人员的人身安全。

低压刀开关可分为不带熔断器式和带熔断器式两大类。带熔断器式低压刀开关具有短路保护作用，按照极数可分为单极刀开关、双极刀开关和三极刀开关；按照转换方式可分为单投式刀开关、双投式刀开关，双投式刀开关用于两个回路之间的切换；按照操作方式可分为手柄直接操作式刀开关、杠杆式刀开关。

常见的低压刀开关有：HD、HS 系列刀开关，HR 系列熔断器式刀开关，HG 系列熔断器式刀开关，HX 系列旋转式刀开关，HK 熔断器组刀开关，HH 系列封闭式开关熔断器组等。

低压刀开关如图 2-26 所示。

2）HR 系列熔断器式刀开关。HR 系列熔断器式刀开关由底座、手柄和熔断体支架组成，常以侧面手柄式操动机构来传动，熔断器装于刀开关的动触片中间，其结构紧凑。它用熔断体或带有熔断体的载熔件作为动触点，作电气设备及线路的过负荷及短路保护用，通常固定安装在小型配电箱内。正常情况下，电路的接通、分断由刀开关完成；故障情况下，由熔断器分断电路。图 2-27 所示为 HR3 系列熔断器式刀开关。

 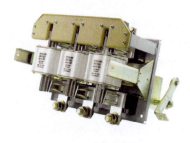

a) HD系列低压刀开关　　　　　　b) HR系列低压刀开关

图 2-26　低压刀开关

图 2-27　HR3 系列熔断器式刀开关

3）HK 系列刀开关熔断器组。刀开关熔断器组是刀开关的一极或多极与熔断器串联构成的组合电器，广泛用于照明、电热设备及小容量电动机的控制线路中，以手动不频繁地接通和分断电路，与熔断体配合起短路保护的作用。常用的有 HK2、HK8 系列旋转式刀开关熔断器组，又称开启式负荷开关或胶盖瓷底刀开关。HK2 系列开启式负荷开关由刀开关和熔体组合而成，如图 2-28 所示。瓷底座上装有进线座、静触头、熔体、出线座及带瓷质手柄的刀片式动触头，上面装有胶盖以防操作时触及带电体或分断时熔断器产生的电弧飞出伤人。

4）低压断路器。低压断路器是利用空气作为灭弧介质的开关电器，俗称自动空气开关、自动开关，是低压配电网中常用的一种电气设备。在正常情况下，不频繁地接通或开断电路；在故障情况下，切除故障电流，保护线路和电气设备。低压断路器具有操作安全、安装使用方便、分断能力较强等优点，在各种低压电路中得到广泛应用。低压断路器按结构形式分为框架式（万能式）断路器和塑壳式断路器两大类。

图 2-28　HK2 系列刀开关熔断器组

① 框架式断路器。框架式断路器在一个框架结构的底座上装设所有组件。由于框架式断路器可以有多种脱扣器的组合方式,而且操作方式较多,故又称为万能式断路器,CW 系列万能式断路器如图 2-29 所示。框架式断路器容量较大,固定安装在低压成套配电开关柜内,用于配电变压器低压侧总出线、母线联络断路器或大容量低压馈线断路器和大型电动机控制断路器。

② 塑壳式断路器是所有部件都安装在一个塑料外壳中,没有裸露的带电部分,提高了使用的安全性,如图 2-30 所示。塑壳式断路器多为非选择型,固定安装在低压配电箱或成套配电开关柜中,一般用于配电馈线控制和保护、小型配电变压器的低压侧总出线、动力配电终端控制和保护以及住宅配电终端控制和保护,也可用于各种生产机械设备的电源开关。

图 2-29　CW 系列万能式断路器

图 2-30　塑壳式断路器

微型断路器是一种结构紧凑、安装便捷的小容量塑壳式断路器,主要用来保护导线、电缆和作为控制照明的低压开关,带有传统的热脱扣、电磁脱扣,具有过载和短路保护功能。漏电保护开关不仅与其他断路器一样可将主电路接通或断开,而且具有漏电流检测和判断功能,当主回路中发生漏电或绝缘破坏时,漏电保护开关可根据判断结果将主电路接通或断开。其基本形式为宽度在20mm以下的片状单极产品,将两个或两个以上的单极组装在一起,可构成联动的二、三、四极断路器,如图2-31所示。微型断路器固定安装在小型低压配电箱,广泛应用于民用电配线的分路、小容量动力配电中。

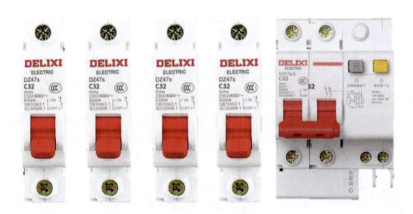

图 2-31 微型断路器

5)低压熔断器。低压熔断器一般由金属熔体、连接熔体的触点装置和外壳组成。常用低压熔断器如图2-32所示,是一种最简单的保护电器,它串联于电路中,当电路发生短路或过负荷时,熔体熔断自动切断故障电路,使其他电气设备免遭损坏。低压熔断器具有结构简单、价格便宜,使用、维护方便,体积小,自重轻等优点,因而广泛应用于低压电气回路。

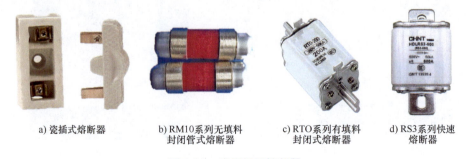

a)瓷插式熔断器　　b)RM10系列无填料封闭管式熔断器　　c)RTO系列有填料封闭式熔断器　　d)RS3系列快速熔断器

图 2-32 常用低压熔断器

2.3 配网不停电作业的技术原理

配网作业技术按是否需要停电分为停电作业、不停电作业（含带电作业）两大类。停电作业是传统的配网作业技术，即对施工检修范围内的配电线路及设备停电并转为检修状态，作业人员直接接触已转检修状态的配电线路或设备进行作业，安全作业的技术保障要求断开工作地段的各侧（包括作业安全距离不足的平行或交叉跨越线路）可能来电的断路器（隔离开关）进行停电，并在工作地段的各端装设接地线（或合上接地开关），布置封闭式的安全措施。

配网不停电作业是指在配电网上采用的用户不停电对配电线路或设备进行测试、维修和施工的作业方式，它包括：

1）直接在带电的配电线路或设备上作业，即配网带电作业。

2）将配电线路或设备停电作业，但对用户采用旁路或移动电源等方法连续供电。

随着配网带电作业技术的迅速发展以及作业项目的不断完善，配网带电作业的项目逐步覆盖配网停电作业的各种项目，同时，随着旁路和移动电源作业技术的广泛应用，某些类型的作业如配电变压器的调换、迁移杆线等，在不能采用直接带电作业的情况下，先采用将配电线路或设备旁路，或引入移动电源等方法对工作区域的负荷进行临时供电，再将工作区域的配电线路或设备进行停电后再作业，实现对用户保持连续供电。这样，配网作业方式就从传统的停电作业向以停电作业为主、带电作业为辅并进一步向不停电作业的方式转变。

带电作业方法若根据作业人员的人体电位来划分，可分为地电位作业法、中间电位作业法、等电位作业法三种。中低压配电设施有其自身特点，不像高压线路及变电站那样有着较标准和规范的设计，架空配电线路的杆型、装置、绝缘子、导线布置等形式多样，有些线路杆塔与导线一杆多回、多层布置、互相交叉；架空配电线路三相导线间的距离小且中低压配电设施密集，这些对开展带电作业是十分不利的。但是由于中低压配电电压较低，可使用绝缘遮蔽器具来组成组合绝缘以弥补安全距离的不足，从而提高作业的安全度等。下面具体分析配网带电作业的基本原理。

1. 地电位作业法

如图 2-33a 所示，作业人员位于地面或杆塔上，人体电位与大地（杆塔）保持同一电位，此时通过人体的电流有两条回路：①带电体→绝缘操作杆（或其他工具）→人体→大地，构成电阻回路；②带电体→空气间隙→人体→大地，构成电容电流回路。这两个回路电流都经过人体流入大地。当然，人体与另两相导线之间也存在电容电流，但因电容电流与空气间隙的大小有关，距离越远，电容电流越小，所以在分析中可以忽略另两相导线间电容电流的作用。

由于人体电阻远小于绝缘工具的电阻，即 $R_r \ll R$，人体电阻 R_r 也远小于人体与导线之间的容抗，即 $R_r \ll X_c$。因此在分析流入人体的电流时，人体电阻可忽略不计。图 2-33b 电路可简化为图 2-33c 电路。设 I_1 为流过绝缘杆的泄漏电流，I_2 为电容电流，那么流过人体的总电流是上述两个电流分量的矢量和，即

$$\dot{I} = \dot{I}_1 + \dot{I}_2$$

式中，

$$I_1 = \frac{U_{ph}}{R}$$

$$I_2 = \frac{U_{ph}}{X_c}$$

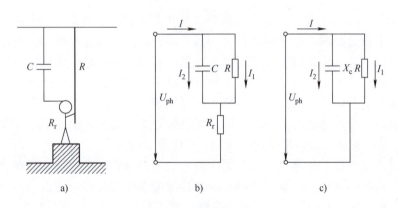

图 2-33 地电位作业法

因带电作业所用的环氧树脂类绝缘材料的电阻率很高，制作成的工具绝缘电阻均在 $10^{10} \sim 10^{12} \Omega$ 以上。对于 10kV 配电线路，泄漏电流 I_1 为

$$I_1 = U_{ph} / R = (10 \text{kV} / \sqrt{3}) / (1 \times 10^{10} \Omega) = 5.77 \times 10^{-7} \text{A} = 0.577 \mu\text{A}$$

也就是说，泄漏电流仅为微安级。

另外，在作业时，当人体与带电体保持相对的安全距离，人与带电体之间的电容约为 $2.2 \times 10^{-12} \sim 4.4 \times 10^{-12} \text{F}$，其容抗为

$$X_c = 1/(\omega C) = 1/(2\pi f C) \approx 0.72 \times 10^9 \sim 1.44 \times 10^9 \Omega$$

则电容电流为

$$I_2 = U_{ph} / X_c = (1 \times 10^3 \text{V} / \sqrt{3}) / (1.44 \times 10^9 \Omega) \approx 4 \times 10^{-7} \text{A} = 4 \mu\text{A}$$

作业时人体电容电流也是微安级,故人体电流 I_1+I_2 的矢量和也是微安级,远小于人体的感知电流值 1mA。

以上分析计算说明,在应用地电位作业方式时,只要人体与带电体保持足够的安全距离且采用绝缘性能良好的工具进行作业,通过工具的泄漏电流和电容电流都非常小(微安级),这样小的电流对人体毫无影响,因此,足以保证作业人员的安全。

但必须指出的是,如果绝缘工具表面脏污,或内外表面受潮,泄漏电流将急剧增加。当增加到人体的感知电流以上时,就会出现麻电甚至触电伤害事故。因此在使用时应保持绝缘工具表面干燥清洁,并注意妥当保管防止受潮,作业人员应采取戴绝缘手套、穿绝缘鞋等辅助防护措施。

2. 中间电位作业法

中间电位作业法如图 2-34 所示,作业人员站在绝缘斗臂车的绝缘斗上或绝缘平台上,用绝缘杆接触带电体进行的作业即属中间电位作业,此时人体电位是低于导电体电位而高于地电位的某一悬浮的中间电位。

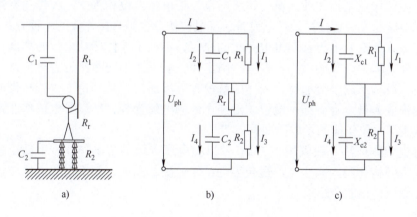

图 2-34 中间电位作业法

作业人员通过两部分绝缘体分别与接地体和带电体隔开,这两部分绝缘体共同起着限制流经人体电流的作用,同时组合空气间隙防止带电体通过人体对接地体发生放电。这时人体与导线之间构成一个电容 C_1,人体与大地(杆塔)之间构成另一个电容 C_2,绝缘杆的电阻为 R_1,绝缘平台的绝缘电阻为 R_2,如图 2-34b 所示,由于人体电阻 R_r 远小于绝缘工具的电阻,即 $R_r \ll R$,人体电阻 R_r 也远小于人体与导线之间的容抗,即 $R_r \ll X_{c1}$,电路可简化为图 2-34c。

一般来说,只要绝缘操作工具和绝缘平台的绝缘水平满足规定,由 C_1 和 C_2 组成的绝缘体即可将泄漏电流限制到微安级水平。只要两段空气间隙达到规定的作业间隙,由 C_1 和 C_2 组成的电容回路也可将通过人体的电容电流限制到微安级水平。

需要指出的是,在采用中间电位法作业时,带电体对地电压由组合间隙共同承受,人体电位是一悬浮电位,与带电体和接地体是有电位差的,由此在作业过程中:

1)地面作业人员不允许直接用手向中间电位作业人员传递物品。这是因为:

① 若直接接触或传递金属工具,由于二者之间的电位差,将可能出现静电电击现象。

② 若地面作业人员直接接触中间电位人员,相当于短接了绝缘平台,使绝缘平台的电阻 R_2 和人与地之间的电容 C_2 趋于零,不仅可能使泄漏电流急剧增大,而且因组合间隙变为单间隙,有可能发生空气间隙击穿,导致作业人员遭受电击。

2)绝缘平台和绝缘杆应定期检验,保持良好的绝缘性能,其有效绝缘长度应满足相应电压等级规定的要求,其组合间隙一般应比相应电压等级的单间隙大 20% 左右。

3. 等电位作业法

等电位作业是指作业人员的体表电位与带电体电位相等的一种作业方法。作业过程中作业人员直接接触带电设备,等电位作业也是直接作业的一种方式。

造成人体有麻电感甚至触电死亡的原因,不在于人体所处电位的高低,而取决于流经人体的电流的大小。根据欧姆定律,当人体不同时接触有电位差的两个物体时,没有形成电流通路,人体中就没有电流通过。从理论上讲,与带电体等电位的作业人员全身是同一电位,流经人体的电流为零,所以等电位作业是安全的,这是等电位作业的基本原理。

等电位作业法一般仅用于 35kV 及以上电压等级的带电作业,中低压配电的线路杆型结构相间距离小,不适合等电位作业法,因此,就不对等电位作业的基本原理做更详细的介绍了。

2.4 配电线路杆型与带电作业

配电线路的杆型一般根据不同地区的气象条件、地质情况、运行经验、使用条件等,尽量采用通用杆型进行典型设计。在地形开阔处一般采用单杆单回路架设,市区架空线路一般采用双回甚至多回同杆架设,以充分利用线路走廊,但从供电可靠性的角度应尽量避免多回路同杆架设,以免在需要登杆作业时扩大停电线路回路数,同时也容易满足带电作业的要求。

杆塔的结构形式随使用条件、沿线地形、施工条件等各种因素而变化,其形式繁多,下面以某地区配电线路常用的杆型为例做简单介绍。

1. 中压架空配电线路常用的杆型

(1)配电线路杆型　配电线路一般指 20kV 及以下电压等级的电力线路。我们最常见的是 10kV 线路和 0.4kV 线路。目前,这两种线路的架设主要是以水泥电线杆为主,部分 10kV 线路采用钢管杆,很少一部分线路会采用角钢塔。

配电架空线路无论采用哪种材质和形式的电杆,杆型都无外乎以下几种:终端杆、耐张杆、转角杆和直线杆。

1)终端杆。何为终端杆呢?一段完整的配电线路,就像我们在白纸上画的线段一样,有起点就会有终点。架设在始端或者终端的电杆就是终端杆。终端杆的特点是,电杆只有一个方向架设有架空导线,而在这个方向的对侧,装设一到两根拉线,来保证架空线路受力平衡。其他方向没有架空导线。这就是终端杆区别于其他三种杆型的最明显的特点。

虽然终端杆只有一个方向有架空的导线,但是有的终端杆会有一处或几处电缆下线,来接带用户或者配电变压器。有的耐张杆会有电缆进线,电缆进线一般来自变电站或者上游的主线路,为终端杆提供电源。终端杆如图 2-35 所示。

2)耐张杆。电力线路为什么要设置耐张杆呢?从字面上理解,耐张杆就是耐受张力的电杆。配电线路架设有长有短,非常短的一段配电线路是不需要设置耐张杆的。如果配电线路架设得非常长,我们通常会在这一段线路的中间或者适当部位设置一处或几处耐张杆。

设置耐张杆,一方面是用来保障电力线路在大风等特殊天气下,不会被强风刮倒,保证架空线路整体的稳定性。另一方面,也有利于施工人员根据不同的地形地貌,便捷地进行放线紧线等施工作业。

耐张杆的特点是,电杆相对的两侧都有架空导线,中间会设置两根横担将导线分开。有的耐张杆,还会有一处或两处架空,或几处电缆下线,我们称这样的杆型为耐张杆带支线。耐张杆有的设置一个方向的拉线,有的设置两个方向的拉线,还有的四个方向都设置了拉线,我们给四个方向都设置的拉线一个很形象的名称——方拉。耐张杆如图 2-36 所示。

图 2-35 终端杆

图 2-36 耐张杆

3)转角杆。配电线路架设就像修路一样,并不是笔直的,也是会有转弯的。转角杆就像圆规伸开两脚,可以呈现出不同的角度。比较常见的转角杆是90°转角杆。这种杆型的显著特点是,相邻的两个方向都有架空导线,而另外两个方向会同时装设一组拉线,来保证转角杆受力平衡,保持稳固。

转角杆两路架空线路一般会分成上下两层,但钢管杆或角钢塔除外。电源在上层,负荷在下层。水泥杆至少安装四根横担,钢管杆只需要一根撑线横担就可以。转角杆如图 2-37 所示。

4)直线杆。直线杆是配电线路中使用数量最多的一种杆型。架空导线在经过这种杆型时,既不会被分开,也不会发生转角,而是像一条直线一样径直地穿过。直线杆在整条架空线路中,主要是起支撑的作用,保证电力线路与下方的物体有足够的安全距离。直线杆的特点是,外形简单,受力很小,安装容易。

直线杆也会像耐张杆一样,有一到两处架空,或者几处电缆下线,用来接带下游的低压用户或者配电变压器。直线杆一般不装设拉线,只有单侧有架空下线时,才会在对侧装设一组拉线,保证直线杆受力平衡。直线杆如图 2-38 所示。

图 2-37 转角杆

图 2-38 直线杆

(2)常用直线杆的杆型

1)单回路直线杆杆型一般采用三角排列,水泥杆梢径为 $\phi150mm$、$\phi190mm$ 等,配合绝缘子为针式绝缘子、柱式绝缘子、瓷横担等。采用瓷横担不能兼作转角;采用针式绝缘子或柱式绝缘子,与拉线配合允许带小角度转角;采用双横担的杆型可架设较大截面积的导线。如通过山区、跨越铁路、电信线、低压电力线、公路等,需要更高的水泥杆,可采用 15m、18m 杆,或采用门形杆,提升导线的高度。

2)双回路直线杆杆型一般采用两侧三角排列或垂直排列,其他情况与单回路类似。需要提及的是,由于多一回线路,杆身及基础受力均变大,要通过计算进行选择,并且按照相关规程规定,双回路导线截面积之差不宜大于三级。

(3)常用耐张杆的杆型 考虑到受力因素,一般耐张杆所采用的水泥杆及横担规格要比直线杆大几个等级。45°以上转角杆,宜采用十字横担。

2. 低压架空配电线路常用的杆型

(1)单相两线杆型 单蝶式绝缘子直线杆适用于单相两线供电的95mm²及以下导线的直线杆,也可用于15°以内转角杆。

双蝶式绝缘子耐张杆适用于单相两线供电的95mm²及以下导线的耐张杆,也可用于45°以内转角杆。

单蝶式绝缘子终端杆适用于单相两线供电的95mm²及以下导线的终端杆。

(2)三相四线杆型 四线单针式绝缘子直线杆适用于低压三相四线制120mm²以下导线直线杆或15°以内转角杆。

四线双针式绝缘子直线杆适用于低压三相四线制120mm²及以上导线直线杆或45°以内转角杆。

四线单蝶式绝缘子直线杆适用于低压三相四线制120mm²以下导线直线杆或15°以内转角杆。

四线双蝶式绝缘子直线杆适用于低压三相四线制120mm²及以上导线直线杆或45°以内转角杆。

四线十字横担蝶式绝缘子耐张杆适用于低压三相四线制120mm²以下导线分支线杆或45°以上耐张转角杆,根据导线实际大小选择绝缘子型号(ED-1/2/3)。

四线十字横担悬式绝缘子耐张杆适用于低压三相四线制120mm²及以上导线分支线杆或45°以上耐张转角杆。

四线蝶式绝缘子耐张杆适用于低压三相四线制120mm²以下导线耐张杆或45°以内转角杆。

四线蝶式绝缘子终端杆适用于低压三相四线制120mm²以下导线终端杆,根据导线实际大小选择绝缘子型号(ED-1/2/3)。

四线悬式绝缘子终端杆适用于低压三相四线制120mm²及以上导线终端杆,根据导线实际大小选择耐张线夹型号。

(3)杆塔导线间距及与周边环境的间距

1)导线间的水平距离。正常情况下,架空线路在风速和风向一定的条件下,每根导线同期摆动。但当风向,特别是风速发生变化时,导线的摆动可能不再同期,如导线的相间距离过小,则在档距中央,导线会由于摆动过近而发生混线甚至短路。因此导线应保持足够的相间距离。

通常,架空配电线路导线水平排列时的相间距离可用下式确定。

$$D = 0.41L_k + \frac{U_e}{110} + 0.65\sqrt{f_{xd}}$$

式中,D 为水平线间距离,单位为 m;L_k 为绝缘子串长度,单位为 m;U_e 为线路的额定电压，单位为 kV；f_{xd} 为导线的最大弧垂，单位为 m。

2）导线垂直排列时的线间距离。垂直排列导线间的距离，除考虑过电压外，还应考虑由于覆冰而使导线弧垂加大以及导线脱冰跳跃等问题，可采用水平排列时的相间距离计算结果的 75%，在重冰区，导线应采用水平或三角排列。

3）导线三角排列时的线间距离。导线为三角排列时，斜向线间距离按下式计算。

$$D_x = \sqrt{D_p^2 + \left(\frac{4D_z}{3}\right)^2}$$

式中，D_x 为导线三角排列时，斜向线间距离，单位为 m；D_p 为导线水平投影距离，单位为 m；D_z 为导线垂直投影距离，单位为 m。

此等值距离应不小于导线间的水平距离。小档距时可按表 2-2 给出的最小线间距离确定。

表 2-2　配电线路导线最小线间的距离　　　　　（单位：m）

档距	40 及以下	50	60	70	80	90	100
10（20）kV	0.6	0.65	0.7	0.75	0.85	0.9	1.0
0.4kV	0.3	0.4	0.45	—	—	—	—

4）同杆架设时的距离及过引线间的距离。同杆架设的双回路或高、低压同杆架设的线路横担间的垂直距离，可查阅相关的规程。

5）导线与周边环境的距离。城市景观对电力架空线路要求越来越高，杆塔高度、杆塔形式、导线排列应一致并与周围环境相协调。配电线路中，低压同杆架设，过引线之间的距离，导线与道路、建筑物、河流之间的垂直距离，其他电压等级线路、树木、山坡等的水平距离、垂直距离，可查阅相关的规程。

（4）适宜开展带电作业的线路结构要求　配电网在规划设计时应综合考虑，为今后带电作业创造有利条件。

1）不同作业方式所需的作业环境。配网带电作业的基本作业方式按照使用的绝缘工具分为绝缘手套作业法和绝缘杆作业法。

① 采用绝缘斗臂车的绝缘手套作业法进行带电作业的杆塔，必须具备三个基本条件：a. 地形位置应考虑绝缘斗臂车能到达的场所，停放位置距离杆塔不超过 6m，支腿能可靠伸出且其下方的基础应牢固，坡度一般不得大于 7°；b. 作业工作面为杆塔顺线路方向两端各延伸杆高的长度、垂直线路两侧的宽度满足绝缘斗操作所需空间的要求；c. 绝缘斗臂车至作业部位无影响绝缘斗伸缩的树木或三线搭挂的障碍物，若有障碍物应事先整改。

② 采用绝缘杆作业法进行带电作业的杆塔，必须具备两个基本条件：a. 单回

路三角（或水平）排列或双回路水平排列搭接最下层线路；b. 水平排列或三角排列主干线的上导线至跌落式（隔离开关）横担的距离 L_3 不应超过下式的数值，超过时绝缘杆的有效绝缘长度不足而无法展开。采用登杆或在绝缘平台上利用绝缘杆进行的地电位作业法，应满足绝缘平台安装以及人员操作所需的空间以及足够的安全距离，采用绝缘斗臂车进行的中间电位作业法，应满足绝缘手套作业法的要求。

$$L_3 \leqslant L - L_1 - L_2$$

式中，L 为绝缘杆的有效绝缘长度，单位为 m；L_1 为手持部分长度，单位为 m，一般 10kV 为 0.7m，20kV 为 0.9m；L_2 为人体与带电体的最小安全距离，单位为 m，一般 10kV 为 0.4m，20kV 为 0.6m。

单回路垂直排列、双（多）回路垂直排列、双（多）回路水平排列（上层、中层线路）不适宜采用绝缘杆作业法进行带电作业。

2）绝缘斗臂车的绝缘手套作业法。采用绝缘斗臂车的绝缘手套作业法灵活方便，适合于诸多带电作业项目的应用，而其杆型要求如下：

① 单杆单回的杆型均适宜开展带电作业。三角排列、单杆单回水平排列、单杆单回垂直排列、单杆双回垂直排列，优先采用绝缘导线、单杆单回三角排列，直线杆绝缘子采用支柱式绝缘子。

② 单杆双回的杆型导线以三角和垂直排列为宜，避免采用水平排列。

a. 单杆双回垂直排列。横担三层布置，两回路导线对称分布于两侧，每回路的三相导线侧向垂直排列，采用绝缘斗臂车，每相操作也非常方便，适合于带电搭接（拆除）引线、直线杆开断改耐张杆、带电撤（立）杆以及相关的组合作业项目。

b. 单杆双回三角排列。横担两层布置，两回路导线对称分布于两侧，每回路的三相导线侧向垂直三角排列，由于只有两层布置，采用绝缘斗臂车操作方便，适合于带电搭接（拆除）引线、直线杆开断改耐张杆相关的组合作业项目。由于下层每侧各有两相导线，带电撤（立）杆作业时导线所夹的内部空间难以有效扩大，因此较不适宜开展带电撤（立）杆。

c. 单杆双回水平排列。横担两层布置，两回路导线分别位于上层和下层，每回导线水平排列，但是每层中有一侧需水平布置两相导线，水平位置的相对作业距离较远，这给人员操作带来很大的难度，而且上下层导线呈垂直布置，不适合于带电搭接（拆除）引线、直线杆开断改耐张杆、带电撤（立）杆以及相关的组合作业项目。

③ 多回同杆（塔）线路。这种线路回路在三回及以上，导线相数多、作业空间小，非常不适合带电作业。

3）不适合带电作业的杆型：

① 耐张杆、转角杆、终端杆除了承受导线垂直荷载外，还需承受各侧导线张力的水平荷载，无法进行带电撤（立）杆作业。

② 分支杆因跳线穿越，承受反向导线拉力，因此不适合于带电搭接（拆除）另外一组引线，也不适合于直线杆开断改耐张杆、带电撤（立）杆以及相关的组合作业项目。

③ 杆上装有支路（分段）断路器（隔离开关）、配电变压器等设备的，也不适合于带电搭接（拆除）另外一组引线、直线杆开断改耐张杆、带电撤（立）杆以及相关的组合作业项目。

2.5 本章小结

配电网在电力系统中起着承上启下的关键作用，其基本概念涵盖了从电能接收到分配的整个过程，包括多种配电设施和复杂的二次系统。不同类型的配电网（如城市与农村、架空与电缆、高压与中低压等）满足了不同区域和用户的需求，多样的接线方式适应了不同的供电场景。架空和电缆线路的构成元件各具功能，从导线的电能传输到杆塔的支撑作用，共同确保了线路的正常运行。

配网不停电作业技术是应对现代供电需求的重要手段，与传统停电作业相比，能显著减少对用户的影响。其技术原理包含多种带电作业方法，每种方法基于不同的电位关系确保作业安全。配电线路的各种杆型及适宜作业的线路结构要求，为带电作业提供了操作依据，而不适合带电作业的杆型则需特殊对待。掌握这些知识，有助于提高配电网运行效率，保障供电质量，推动电力行业的持续发展。

第 3 章

配网不停电作业理论基础

3.1 引言

在现代电力系统中，不停电作业技术的重要性日益凸显，它是保障电力供应连续性、可靠性的关键手段。然而，要确保不停电作业的安全与高效，必须深入理解其中涉及的诸多技术原理。

电对人体的影响是首要考量因素，因为作业人员在带电环境中工作，电流和电场可能对其造成伤害。同时，作业过程中的过电压现象不容忽视，其幅值和特性直接关系到作业安全。电介质特性决定了绝缘材料的性能，影响着绝缘工具的选择和使用。绝缘配合与安全间距的合理确定，是防止放电事故、保障人员安全的关键。此外，气象条件作为外部环境因素，对带电作业的影响显著，如风雨雷电等天气状况可能改变电场分布、降低绝缘性能等。

因此，全面深入地研究这些方面的内容，对于推动不停电作业技术的发展和应用具有至关重要的意义。

3.2 电对人体的影响分析

在不停电作业过程中，电对人体的影响主要有两种：①人体的不同部位同时接触了有电位差的带电体而产生的电流伤害；②人体未接触带电体，但在带电体附近因空间电场的静电感应而导致的不适感。

1. 电流对人体的影响

电流通过人体后，能使肌肉收缩产生运动，造成机械性损伤，电流产生的热效应和化学效应会引起一系列急骤的病理性变化，使人体遭受严重的损害，特别是电流流经心脏，对心脏损害极为严重。通过人体的电流越大，对人体的影响也就越大，因此，接触的电压越高，对人体的损伤也就越大。所以一般将不超过 36V 的电压称为安全电压，但在特别潮湿的环境中，即使接触 36V 的电压也有生命危险。而交流电对人体的损害比直流电更大，不同频率的交流电对人体影响也不同。人体对工频交流电要比直流电敏感得多，接触直流电时，即使其强度达到 250mA，有时也不会造成特殊的损伤，但接触 50Hz 交流电时只要 50mA 的电流经过人体持续数十秒，便会引起心脏心室纤维性颤动，导致死亡。电气领域中，一般将 50Hz 作为工频，从设备角度是较为合理的，然而 50Hz 对人体损害较为严重，故一定要提高警惕，做好安全工作。

人体损伤程度与电流持续时间也有着密切关系，通电时间短，对人体的影响小；通电时间长，对人体的损伤就大，危险性也随之增加。特别是当电流持续流经人体的时间超过人的心脏搏动周期时对心脏的威胁很大，极易产生心室纤维性颤动，从而导致死亡。

作业人员开展不停电作业中所处的环境是交流工频电场，这是一种缓慢变化的电场，可以近似看作为静电场。人体作为导电体，靠近一个带电体时，由于静电感应现象，人体会积聚一定量的电荷，使人处于某一个电位，因此会产生一定的感应电压。如果此时人体的暴露部位接触到接地体时，人体上积聚的电荷就会开始对接地体放电，若放电电流达到一定的大小，人体就会产生刺痛感。同样的，如果在电场中存在对地绝缘的金属物体，该物体也会因为静电感应而积聚一定量的电荷，产生一定的感应电压。如果此时处于地电位的人体触摸该物体，物体上积聚的电荷就会通过人体对地放电，若放电电流达到一定的大小，人体同样会产生刺痛感。

2. 电场对人体的影响

作业人员在作业过程中，构成了各种各样的电极结构。其中主要的电极结构有：导线 – 人与构架（如电杆、绝缘平台、绝缘斗臂车等，下同）、导线 – 人与横担、人与导线 – 横担、人与导线 – 导线等。由于作业的现场环境和带电设备布局的不同，带电作业工具和作业方式的多样性以及人在作业过程中有较大的移动性等因素，使带电作业中遇到的高压电场变化多端，这就需要了解电场的基本特征和分类。

自然界存在着正、负两种性质电荷，电荷的周围存在着电场，相对于观察者是静止的且其电量不随时间变化的电场称为静电场，例如在直流电压作用下两电极之间的电场就是静电场。而在工频电压作用下，两电极上的电量随时间变化，因而两极性之间的电场也随时间变化。但由于其变化的速度相对于电子运动的速度而言是相对缓慢的，并且电极间的距离也远小于相应的电磁波波长，因此也可以近似地按静电场考虑。

将一个静止电荷引入到电场中，该电荷就会受到电场力的作用。电场的强弱常用电场强度（简称场强）来描述，电场强度是电荷在电场中所受到的作用力与该电荷所具有的电量之比。

根据电场的均匀程度，可将静电场分为均匀电场、稍不均匀电场和极不均匀电场三类，在均匀电场中，各点的场强大小与方向都完全相同。例如，一对平行平板电极，在极间距离比电极尺寸小得多的情况下，电极之间的电场就是均匀电场（电极边缘部分除外）。均匀电场中各点的电场强度 E（kV/m）如下式：

$$E = \frac{U}{d}$$

式中，U 为施加在两电极间的电压，单位为 kV；d 为平板电极间的距离，单位为 m。

在不均匀电场中，各点场强的大小或方向是不同的。根据电场分布的对称性，不均匀电场又可分为对称型分布和不对称型分布两类，一般以"棒–极"电极作为典型的不对称分布电场，以"棒–棒"电极作为典型的对称分布电场。

由于不均匀电场中各点场强随电极形状与所在位置变化，电场的不均匀程度与电极形状和极间距离有关。在相同电极形状的条件下，例如两个金属圆球间的电场，当极间距离增大时，电场的不均匀程度将随之增加。当极间的距离相对球的直径而言较小时，是稍不均匀电场；但当极间距离增大时，电场的不均匀程度逐渐增大，最后成为极不均匀电场。

电场的强弱会使人体产生不同的感觉，如针刺感、风吹感、蛛网感、异声感等。据有关研究表明，人体对电场的感知水平为 2.4kV/cm（即 240kV/m），此时人体皮肤上会产生"微风吹拂"的感觉。

在带电作业中，当外界电场达到一定强度时，人体裸露的皮肤上就有"微风吹拂"的感觉，此时测量到的体表场强为 240kV/m，相当于人体体表有 $0.08\mu A/cm^2$ 的电流流入肌体。有"微风吹拂"感觉的原因是电场中导体的尖端因强电场引起气体游离和移动的结果。据试验研究，人站在地面时头顶部的局部最高场强为周围场强的 13.5 倍。一个中等身材的人站在地面场强为 10kV/m 的均匀电场中，头顶最高处体表场强为 135kV/m，小于人体皮肤的"电场感知水平"。我国《带电作业用屏蔽服装》（GB/T 6568—2024）标准中规定，人体面部裸露处的局部场强允许值为 240kV/m。

由于带电作业的现场环境以及作业的工具和方式的多样性，作业空间的高压电场十分复杂，要做到带电作业时不仅能保证人体没有触电伤害的危险，而且也能保证带电作业人员没有任何不舒服的感觉，必须满足以下三个基本条件：

1）流经人体的电流不超过人体的感知水平 1mA（1000μA）。
2）人体体表局部场强不超过人的感知水平 2.4kV/cm。
3）人体与带电体保持规定的安全距离。

3.3 作业过程的过电压

带电作业过程中，作业人员除了受正常工作电压的作用外，还可能遇到内部过电压和雷击过电压。内部过电压又分为操作过电压和暂时过电压。操作过电压可分为间歇电弧接地过电压、开断电感性负载过电压和空载线路切合（包括重合闸）过电压。暂时过电压包括工频电压升高和谐振过电压。一般将内部过电压幅值与系统最高运行相电压幅值之比称为内部过电压倍数 K_0。K_0 与电网结构、系统中各元件的参数、中性点运行方式、故障性质及操作过程等因素有关，并具有明显的统计性。

有关安全工作规程中明确规定："如遇雷电（听见雷声、看见闪电）、雪、雹、雨、雾等不准进行带电作业。"虽然严禁在雷电活动区内进行带电作业，但大气过电压仍然会给雷电区外的带电作业构成威胁，这是因为大气过电压能沿着线路传播很远。又由于大气过电压的幅值在传播途中会不断地衰减，所以只要我们选择一个恰当的传输距离，计算它的残留值已经不构成威胁了，大气过电压的危险程度就被抑制了。一般把衰减距离定为 20km（人的视野最多能够观察到半径 20km 以内的雷电现象）。因此，在严格执行安全工作规程"雷电禁止带电作业"的要求时，带电作业中还要考虑内部过电压和工作电压的作用。内部过电压包括操作过电压和暂时过电压。

1. 操作过电压

操作过电压的特点是幅值较高、持续时间短、衰减快。电力系统中常见的操作过电压有中性点绝缘电网中的间歇电弧接地过电压、开断电感性负载（空载变压器、电抗器、电动机等）过电压、开断电容性负载（空载线路、电容器组等）过电压、空载线路合闸（包括重合闸）过电压以及系统解列过电压等，操作过电压的大小是确定带电作业安全距离的主要依据。

1）间歇电弧接地过电压。单相电弧接地过电压只发生在中性点不直接接地的电网，如发生单相接地故障时，流过中性点的电容电流，就是单相短路接地电流。当电网线路的总长度足够长、电容电流很大时，单相接地弧光不容易自行熄灭，又不太稳定，出现熄弧和重燃交替进行的现象即间歇性电弧，这时过电压会较严重，所以一相接地多次发生电弧，不但会使另两相也短路接地，还会引起另两相对地电容的振荡。理论上如果间歇电弧一直发生，过电压会达到很高，而实际上，每次发生电弧不一定都在相同幅值，还有其他损耗衰减，所以过电压倍数 K_0 一般不超过 $3U_{xg}$，个别达 $3.5U_{xg}$，U_{xg} 为基准电压。

2）开断电感性负载过电压。进行切断空载变压器、电抗器、电动机、消弧线圈等电感性负载的操作时，电感元件中储存的能量（$W = 0.5LI^2$）要转化为电场能量，而系统又无足够的电容来吸收，而且开关的灭弧性太强，在 $t \to 0$ 时，励磁电流变化率 $\mathrm{d}i_0/\mathrm{d}t \to \infty$（无穷大），将在电感 L 上感应过电压 $U_1 = -L\mathrm{d}i/\mathrm{d}t \to \infty$。在中性点不直接接地电网中，过电压倍数 K_0 一般不大于 $4U_{xg}$；中性点直接接地电网中，一般不大于 $3U_{xg}$。其过电压倍数与断路器结构、回路参数、变压器结构接线、中性点接地方式等因素有关。

3）空载线路切合（包括重合闸）过电压。切合电容性负载，如空载长线路（包括电缆）和改善系统功率的电容器组，由于电容的反向充放电，使断路器触头断口间发生了电弧的重燃。

这是因为纯电容电流在相位上超前电压90°，经过1/4周期电弧电流经0点时熄灭，但此时电压正好达到最大值，若开关断口的绝缘尚未恢复正常，电容电荷充积断口，$U = U_{xg}$，再经过半周期电压反向达到最大值，$U = 2U_{xg}$，并伴随高频振荡过程。按每重燃一次增加$2U_{xg}$，理论上过电压将按3、5、7、9倍相电压增加，而实际上过电压只有$(3 \sim 4)U_{xg}$。因为灭弧性能好、断口绝缘恢复快的断路器，不一定都重燃，而每次重燃时也不一定是电压最大值时。母线有多条比只有一条时过电压也更小，另外线路上也有电晕和电阻损耗起阻尼作用。一般中性点直接接地或经消弧线圈接地的系统过电压不大于$3U_{xg}$，中性点不接地系统过电压的最大值达$(3 \sim 3.5)U_{xg}$。

2. 暂时过电压

暂时过电压包括工频电压升高和谐振过电压。工频电压升高的幅值不大，但持续时间较长、能量较大，所以在考虑带电作业绝缘工具的泄漏距离时常以此为依据。造成工频电压升高的原因主要为不对称接地故障、发电机突然甩负荷、空载长线路的电容效应等。不对称接地故障是线路常见的故障形式，其中以单相接地故障为最多，引起的工频过电压一般也最严重。对于中性点绝缘的系统，单相接地时非故障相的对地工频电压可升高到1.9倍相电压，对于中性点接地的系统可升高到1.4倍。

电力系统内的电气设备（线路、变压器、发电机等）组成复杂的电感、电容振荡回路。在正常的情况下，由于负载的存在或线路两端与系统电源连在一起，自由振荡不可能发生。在操作或故障时，不对称状态下（如断线、非全相拉合闸、电压互感器饱和等），适当的参数组成了共振回路（$\omega L = 1/\omega C$），激发很高的过电压，其必要条件是电路固有自振频率与外加电源频率相等（$f_0 = f$）或成简单分次谐波，电路中就出现了电压谐振。

常见谐振过电压有参数谐振、非全相分合闸谐振、断线谐振等。谐振过电压事故是最频繁的，在3~330kV电网中都会发生，过电压倍数K_0一般不会大于U_{xg}，但持续时间比较长，会严重影响系统安全运行。

综上所述，由于操作过电压可以达到较高的数值，所以在带电作业中应重点考虑。操作过电压的波形具有各种形状，为了便于统一比较，在国家标准中规定了一种标准波形作为衡量电气设备绝缘水平的依据。

图3-1所示为操作冲击电压波形图。图中T_P为波前时间（通常称为波头时间），即电压从零开始到达最大峰值U_{max}所需的时间；T_2为半峰值时间（通常称为波尾时间），即电压从零开始经过最大峰值后又下降到峰值的一半（$1/2U_{max}$）所需的时间。标准操作冲击电压的波形参数规定如下：

$$T_P/T_2 = 250/2500$$

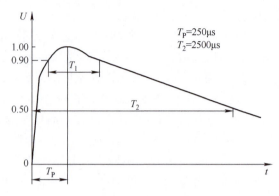

图 3-1 操作冲击电压波形

在规定值与实测值之间允许偏差如下：
波前时间为

$$\Delta T_P = \pm 20\%$$

半峰值时间为

$$\Delta T_2 = \pm 60\%$$

故通常以 250/2500μs 表示标准操作冲击电压的波形。

操作过电压的特点是幅值较高、持续时间较短、衰减快，因此操作过电压的大小是确定带电作业安全距离的主要依据。暂时过电压的幅值不大，但持续时间较长、能量较大，所以在考虑带电作业的绝缘工具的泄漏距离时常以此为依据。

系统出现过电压时，可能在三个渠道上同时或部分威胁着人身安全：

1）纯空气渠道。过电压会造成带电体与作业人员间的空气间隙发生放电。例如，在带电导线上等电位作业，必须警惕人体与地面、人体与杆塔间的空气间隙会放电。

2）绝缘工具渠道。过电压通过使用的绝缘工具发生闪络和击穿。例如，在杆塔上使用绝缘操作杆接触带电设备，必须警惕绝缘杆的沿面闪络或整体击穿。

3）绝缘子渠道。过电压通过作业人员附近的绝缘子串发生放电。例如，更换绝缘子作业中，必须警惕因不良绝缘子造成绝缘子串的沿面闪络，威胁到作业人员的安全。

对应这些威胁的防范措施，带电作业必须同时满足"安全距离""安全有效绝缘长度"等要求，这些在后面章节会进一步介绍。

3.4 电介质特性

电介质是指不导电的物质，即绝缘体，在工程上通称为绝缘材料。电介质的电阻率一般都很高，电阻率超过 $10\Omega \cdot cm$ 的物质都归于电介质。电介质按其形态分为气体介质、液体介质和固体介质三大类,与带电作业有关的电介质主要是气体介质和固体介质。

1. 电介质的电导与绝缘电阻

气体、液体、固体三类电介质的电导机理各不相同。在带电作业技术中,采用的绝缘工器具都是固体介质,因此下面重点介绍固体介质特性。

电介质都是良好的绝缘体,但是,对电介质施加电压后会有微小的电流通过,这微小的电流即为泄漏电流,它是介质中的离子或电子在电场力的作用下发生定向移动的结果。为了定量描述电介质在施加电压下产生泄漏电流的大小,引入了电导的概念,用公式表示为

$$G = \frac{I}{U}$$

式中,G 为介质的电导,单位为 μS;U 为施加的电压,单位为 V;I 为泄漏电流,单位为 μA。

(1)固体介质的电导与绝缘电阻 固体介质在电场力的作用下产生正、负离子与电子。在较弱电场下,主要是离子电导,在强电场下,介质中的电子有可能被激发参与电导。固体介质的泄漏电流可分为体积电流和表面电流两部分。当施加电压后,一部分泄漏电流从介质表面流过,称为表面电流;一部分从介质内部流过,称为体积电流。因而,固体介质的电导也相应分为表面电导与体积电导。

工程上,通常使用绝缘电阻来表示介质的绝缘性能,绝缘电阻与电导互为倒数,即

$$R = \frac{I}{G}$$

式中,G 为介质的电导,单位为 S;R 为绝缘电阻,单位为 Ω。

因而有

$$R_V = \rho_V \frac{d}{S}$$

$$R_S = \rho_S \frac{d}{L}$$

式中,R_V 为介质的体积绝缘电阻,单位为 MΩ;R_S 为介质的表面绝缘电阻,单位为 MΩ;ρ_V 为介质的体积电阻率,单位为 Ω·cm;ρ_S 为介质的表面电阻率,单位为 Ω·m;d 为介质厚度,单位为 cm;S 为介质的截面积,单位为 cm^2;L 为两电极之间的距离,单位为 cm。

体积电阻率可作为选择绝缘材料的一个参数,体积电阻率常用来检查绝缘材料是否均匀。表面电阻率不是表征材料本身特性的参数,而是一个有关材料表面

污染特性的参数。就绝缘材料的应用而言，体积电阻率更重要，带电作业中常用介质的体积电阻率，见表3-1。

表 3-1　常用介质的体积电阻率参考值

介质名称	环氧玻璃纤维制品	聚氯乙烯	聚四氟乙烯	有机玻璃	电瓷、玻璃纤维	橡胶
体积电阻率/$\Omega \cdot cm$	$10^{13} \sim 10^{14}$	$10^{14} \sim 10^{16}$	$10^{16} \sim 10^{17}$	$10^{12} \sim 10^{15}$	$10^{15} \sim 10^{16}$	$10^{13} \sim 10^{15}$

（2）影响固体介质泄漏电流的因素　固体介质的泄漏电流与介质本身的材料（如电阻率）、结构等有关。同一个介质，其泄漏电流还与施加电压、介质温度、介质表面状况等因素有关。

1）施加电压。对于绝缘良好的绝缘体，其泄漏电流与外加电压应是线性关系，但大量实验证明，泄漏电流与外施电压仅能在一定电压范围内保持近似的线性关系；当电压达到一定程度时，泄漏电流开始非线性地上升，绝缘电阻值随之下降；当电压超过一定值后，泄漏电流将急剧上升，绝缘电阻值急剧下降，最后导致绝缘破坏，直至介质击穿。

2）介质温度。当介质温度升高时，参与电导的离子数量增加，因而泄漏电流增大、电导增大、绝缘电阻降低。

3）介质表面状况。介质的表面泄漏电流与介质表面的状况有密切的关系，如表面脏污和受潮等。污秽物质往往含有可溶于水的电离物质，如果同时有水分附着在介质表面，将会使电离物质溶解于水而形成导电离子，使介质的表面泄漏电流急剧地增大。如果介质是亲水性的，介质表面很容易被湿润并形成一层连续的水膜，由于水的电导很大，使表面泄漏电流大大增加。如果介质是憎水性的，介质表面不能形成水膜，只能形成一些不相连的水珠，介质的表面泄漏电流不会增大。所以，绝缘材料或绝缘工具应选用憎水性的材料来制造。

固体介质的泄漏电流大小不仅与施加电压大小有关，表面电流还与表面情况如表面脏污和受潮等有关，也受空气温度、湿度的影响，因此泄漏电流并不反映绝缘内部的状况；体积电流因绝缘材料的不同而异，并随温度升高、电场强度增大而增大，随杂质增多而大幅度增大，可反映绝缘内部的状况。当绝缘局部有缺陷或者受潮时，泄漏电流也将急剧增加，其伏安特性也就不再呈直线了。因此，通过泄漏电流试验和绝缘电阻测试，可判断绝缘的缺陷以及是否受潮或脏污。

（3）带电作业中的泄漏电流　在进行带电作业的过程中，在带电体与接地体之间的各种通道上，绝缘材料在内、外因素影响下，会在其表面流过一定的电流，这种电流就是泄漏电流，这个电流的大小与绝缘材料的材质、电压的高低、天气等因素有密切关系，一般情况下，其数值都在几微安级，因此对人体无多大的影响。

但是，如果在作业过程中空气湿度较大，或绝缘工具材质差、表面粗糙、保管不当受潮等将会导致泄漏电流数值增大，使作业人员产生明显的麻电感觉，对安全十分不利，应加以防范，以免酿成事故。

以中间电位作业法为例，作业人员站在接地物体（如铁塔、横担等）上，利用绝缘工具对带电导体进行检修作业，形成"大地—人体—绝缘工具—带电体"系统。这时，通过人体的电流回路就是泄漏电流回路，沿绝缘工具流经人体的泄漏电流与带电设备的最高电压成正比，与绝缘工具和人体的串联回路阻抗成反比。而人体的电阻与绝缘工具的绝缘电阻相比是微不足道的。由此可见，流经人体的泄漏电流主要取决于绝缘工具。显然，绝缘工具越长，表面电阻越大。带电作业过程中绝缘工具有时出现泄漏电流增大现象，主要原因如下：

1）空气中温度较高或湿度较大，使工具表面电阻下降。

2）工具表面脏污或有汗水，使表面电阻下降。

3）绝缘工具表面电阻不均匀，表面磨损、粗糙或有裂纹，使电场分布变形。当绝缘工具泄漏电流增大到一定值时，将出现起始电晕，最后导致沿面闪络，造成事故。

必须指出，即使泄漏电流未达到起始电晕数值，在某些情况下，仍将使操作人员有麻电感，甚至神经受刺激造成事故，因此应引起高度重视。防止带电作业工具泄漏电流增大的措施如下：

1）选择电气性能优良、吸水性小的绝缘材料，如环氧酚醛玻璃布管（板）等。

2）加强绝缘工具保管，严防受潮、脏污。

3）绝缘工具应加工精细、表面光洁，并涂以绝缘良好的面漆。

4）水冲洗工具和雨天作业工具应使用经严格试验合格的专用工具。

2. 电介质的击穿强度与放电特性

在强电场作用下，电介质丧失电气绝缘能力而导电的现象称为击穿。作用在绝缘上的电压超过某临界值时，绝缘将损坏而失去绝缘作用，而表明绝缘材料击穿电压大小的数值称为绝缘强度。通常，电力设备的绝缘强度用击穿电压表示，而绝缘材料的绝缘强度则用平均击穿电场强度（简称击穿场强）来表示。击穿场强是指在规定的试验条件下，发生击穿的电压除以施加电压的两电极之间的距离。绝缘强度随绝缘的种类不同而有本质上的差别。

（1）固体电介质的特性　固体电介质击穿是在电场作用下，固体电介质失去绝缘能力，由绝缘状态突变为良导电状态的过程。均匀电场中，击穿电压与介质厚度之比称为击穿电场强度（简称击穿场强，又称介电强度），它反映固体电介质自身的耐电强度。不均匀电场中，击穿电压与击穿处介质厚度之比称为平均击穿场强，它低于均匀电场中固体介质的介电强度。带电作业常用介质的工频击穿强度见表3-2。

固体电介质击穿有三种形式：电击穿、热击穿和电化学击穿。

表 3-2 带电作业常用介质的工频击穿强度

介质	工频击穿强度 /(kV/cm)	介质	工频击穿强度 /(kV/cm)
环氧玻璃纤维制品	200～300	有机玻璃	180～220
聚乙烯	180～280	玻璃纤维	700
聚氯乙烯	100～200	电瓷	150～160
聚苯乙烯	200～300	硅橡胶	200～300
聚四氯乙烯	200～300	硫化橡胶	200～300
聚碳酸酯	170～220		

1) 电击穿。是因电场使电介质中积聚起足够数量和能量的带电质点而导致电介质失去绝缘性能。

2) 热击穿。是因在电场作用下,电介质内部热量积累、温度过高而导致失去绝缘能力。

3) 电化学击穿。是在电场、温度等因素作用下,电介质发生缓慢的化学变化,电介质结构和性能发生了变化,最终丧失绝缘能力。固体电介质的化学变化通常使其电导增加,这会使介质的温度上升,因而电化学击穿的最终形式是热击穿。温度和电压作用时间对电击穿的影响小,对热击穿和电化学击穿的影响大;电场局部不均匀性对热击穿的影响小,对电击穿和电化学击穿影响大。

沿固体介质表面和空气的分界面上发生的放电现象称为沿面放电,沿面放电发展成电极间贯穿性的击穿称为闪络。绝缘子表面闪络是典型的沿面放电,绝缘子遭雷击破裂则为击穿,电缆绝缘层发生的也是典型的击穿。在带电作业的绝缘工具中,需要考虑沿面放电特性的有绝缘杆、绝缘绳,其工频闪络电压可参考表 3-3。

表 3-3 带电作业绝缘工具的工频闪络电压(有效值)

长度 /m	1	2	3	4	5
绝缘杆 /kV	320	640	940	1100	—
绝缘绳 /kV	340	500	860	1020	1120

影响固体电介质击穿电压的主要因素有:电场的不均匀程度、作用电压的种类和施加的时间、温度、固体电介质性能和结构、电压作用次数、机械负荷、受潮等。

1) 电场的不均匀程度。均匀、质密的固体电介质在均匀电场中的击穿场强可达 1～10MV/cm。击穿场强决定于物质的内部结构,与外界因素的关系较小。当电介质厚度增加时,由于电介质本身的不均匀性,击穿场强会下降。当厚度极小时($<10^{-3}$～10^{-4}cm),击穿场强又会增加。电场越不均匀,击穿场强下降越多。电场局部加强处容易产生局部放电,在局部放电的长时间作用下,固体电介质将产生电化学击穿。

2）作用电压的种类和施加的时间。固体电介质的三种击穿形式与电压作用时间有密切关系。同一种固体电介质，在相同电场分布下，其雷电冲击击穿电压通常大于工频击穿电压，直流击穿电压也大于工频击穿电压。交流电压频率增高时由于局部放电更强、介质损耗更大、发热更严重，更易发生热击穿或导致电化学击穿提前到来。

3）温度。当温度较低，处于电击穿范围内时，固体电介质的击穿场强与温度基本无关。当温度稍高时，固体电介质可能发生热击穿。周围温度越高，散热条件越差，热击穿电压就越低。

4）固体电介质性能、结构。工程用固体电介质往往不很均匀、质密，其中的气孔或其他缺陷会使电场畸变，损害固体电介质。电介质厚度过大，会使电场分布不均匀，散热不易，降低击穿场强。固体电介质本身的导热性好，电导率或介质损耗小，则热击穿电压会提高。

5）电压作用次数。当电压作用时间不够长，或电场强度不够高时，电介质中可能来不及发生完全击穿，而只发生不完全击穿。这种现象在极不均匀电场中和雷电冲击电压作用下特别显著。在电压的多次作用下，一系列的不完全击穿将导致介质的完全击穿。由不完全击穿导致固体电介质性能劣化而积累起来的效应称为累积效应。

6）机械负荷。固体电介质承受机械负荷时，若材料开裂或出现微观裂缝，击穿电压将下降。

7）受潮。固体电介质受潮后，击穿电压将下降。

（2）气体电介质的特性　气体电介质击穿是在电场作用下气体分子发生碰撞电离而导致电极间的贯穿性放电，雷电产生过程即为典型的空气击穿现象。气体电介质击穿包括电子碰撞游离、电子崩和流注放电等阶段。以棒－板间隙为例，在棒板上施加电压，板极接地，由于棒极的曲率半径较小，其附近的电场较强，其他区域内的电场相对较弱。当间隙上施加的电压达到一定值时，首先在棒端局部电场内发生电子碰撞游离，形成电子崩并发展成流注。局部范围内的流注，只是使棒板尖端处出现电晕放电，其他区域内电场很弱，流注不会发展到贯通整个间隙，即间隙不会很快被击穿。随着所施加电压的升高，电晕层逐渐扩大，当电压升高到一定程度时，在棒端出现了不规则的刷状细火花，最终导致整个间隙的完全击穿。

影响气体介质击穿的因素很多，主要有作用电压、电板形状、气体的性质及状态等。气体介质击穿常见的有直流电压击穿、工频电压击穿、高气压电击穿、冲击电压击穿、高真空电击穿、负电性气体击穿等。

带电作业涉及的气体介质主要是空气间隙，空气间隙是良好的绝缘体，空气间隙的绝缘水平是以它在电场作用下的起始放电电压来衡量的。空气间隙在工频交流电场中的平均放电梯度近似为 400kV/m。空气的绝缘水平与以下因素有关：

1）电极形状的影响。在球－球、棒－棒、棒－板、板－极四种典型电极中，球－球电极间的场强最均匀，它的绝缘水平最高，其他三种电极的场强都有畸变现象，它们的绝缘水平都较球－球间隙有所降低。

2）电压波形的影响。正弦波、操作冲击波、雷电冲击波及直流叠加操作波是带电作业中遇到的四种典型电压波形，实践证明，它们对空气绝缘的水平影响有明显的差异。对于绝大多数的电极形状，负极性操作波的放电电压比正极性高，绝缘强度具有伏秒特性，耐受电压的能力因电压波形及作用时间不同而有差异。不同电压波形的波头标志着不同瞬间值升高或降低的速率。

① 雷电波的波头最短，其上升速率最快，作用时间也最短，故雷电波下的放电电压数值最高。

② 操作波的波头范围介于雷电波和工频正弦波之间，放电电压最低。

③ 工频正弦波的波头最长，它的放电电压高于操作波而低于雷电波。因此，正极性雷电冲击波对绝缘水平的影响最大。

3）气象状况的影响。气压、气温和湿度都会不同程度地影响空气的绝缘强度。在电场强度和气压不变的条件下，如果气温升高了，分子的热运动势必增强，碰撞游离的速度加快，将会导致气体放电电压的下降。在相同的条件下如果湿度增高了，空气中的水蒸气分子势必增多，分子的去游离速度加快，使得气体的放电电压得以降低。空气间隙的击穿电压随着空气温度的升高而下降，随着空气湿度的增加而升高。所以，气温和湿度的高低对气体放电产生相反的效果。

空气的电离场强和击穿场强高，击穿后能迅速恢复绝缘性能且不燃、不爆、不老化、无腐蚀性。但空气放电的击穿电压具有较大的分散性。因此，在研究空气间隙放电特性时必须建立统计的观点，50%放电电压就是以统计的观点来表达某一空气间隙耐受操作冲击电压的平均绝缘性能。50%放电电压的含义是选定某一固定幅值的标准冲击电压，施加到一个空气间隙上，如果施加电压的次数足够多且该间隙被击穿的概率为50%时（即有50%的次数间隙被击穿），则所选定的电压即为该间隙的50%放电电压，并以 U_{50} 表示。

大量的试验结果表明，空气间隙的 U_{50} 与操作冲击电压的波形有关，而且间隙的击穿一般都发生在波头时间内，即与波头时间 T_p 有密切关系。对于同一间隙，U_{50} 随波头的时间变化，并在某一波头时间下出现最低值 $U_{50.\min}$，该波头称为临界波头。对于棒－板间隙，一般可使用经验公式估算棒极为正极性时的临界放电电压为

$$U_{50.\min} = 3400 \div \left(1 + \frac{8}{L}\right)$$

式中，$U_{50.\min}$ 为临界放电电压，单位为 kV；L 为间隙长度，单位为 m。

该经验公式适用于间隙长度为 2～5m 的范围。对于其他电极形状的间隙，首

先可按上式估算出相同长度的棒-板间隙$U_{50,\min}$，然后再乘以所求电极形状的间隙系数K_g，即可得所求间隙的$U_{50,\min}$估算值，各种电极形状的间隙系数K_g可查阅相关资料。

3.5 绝缘配合与安全间距

1. 绝缘配合

（1）绝缘配合方法　上节已介绍，绝缘体在某些外界条件（如加热、高电压等）影响下，会被"击穿"而转化为导体。固体绝缘体绝缘材料发生击穿一般都会失去绝缘性能，而且是不可逆转的；液体绝缘材料被击穿后会遗留残存物质（如游离碳），造成绝缘材料的整体绝缘水平下降；唯有气体绝缘材料被击穿后，经过极短的时间（分子流动、交换时间）即可自动恢复到击穿前的绝缘水平。因此，许多气体（如空气）被称作"自恢复绝缘"。带电作业中，人体对带电体保持一定的安全距离（空气间隙），正是充分利用了空气这种绝缘性能，为人体提供了安全保证。

绝缘体在运行中除了长期承受额定工频电压（工作电压）作用之外，还会受到波形、幅值大小、持续时间不同的各种过电压（暂时过电压、操作过电压和雷电过电压）的作用。在某一额定电压下，所选择的绝缘水平越低，则电气设备造价就越低，但是在过电压和工频电压作用下，太低的绝缘水平会导致频繁的闪络和绝缘击穿事故，不能保证电网的安全运行；反过来，绝缘水平过高将使投资大大增加，造成浪费。另一方面，降低和限制过电压可降低对绝缘水平的要求，降低设备的投资，但由此也增加了过电压保护设备，投资也将相应增加。因此，采用何种过电压保护措施，使之在不增加过多投资的前提下，既限制了可能出现的高幅值过电压以保证设备安全，使系统可靠地运行，又降低了对电力设施的绝缘水平的要求和减少对主要设备的投资费用，这就需要处理好过电压、限压措施、绝缘水平三者之间的协调配合关系。

绝缘配合就是根据设备在电力系统中的各种电压水平和设备自身的耐受电压强度选择设备绝缘的做法，以便把各种电压所引起的绝缘损坏或影响的可能性降低到经济上和运行上能接受的水平。绝缘配合不仅要在技术上处理好各种电压、各种限压措施和设备绝缘耐受能力三者间的配合关系，还要在经济上协调好投资费用、维护费用和事故损失三者之间的关系。同时，因为系统中可能出现的各种过电压与电网结构、地区气象条件和污秽条件等密切相关，并具有随机性，因此绝缘配合就显得相当复杂，不可孤立、简单地以某一种情况做出决定。绝缘配合一般采用两种方法：①惯用法；②统计法。由于统计法较复杂，所以在实际工程中往往采用简化统计法。

1）绝缘配合的惯用法。惯用法是一种传统的习惯方法，其基本出发点是使电气设备绝缘的最小击穿电压值高于系统可能出现的最大过电压值，并留有一定的安全裕度。

在绝缘配合惯用法中，系统最大过电压、绝缘耐受电压与安全裕度三者之间的关系为

$$A = \frac{U_\mathrm{w}}{U_{0.\max}} = \frac{U_\mathrm{w}}{U_\mathrm{x} \dfrac{\sqrt{2}}{\sqrt{3}} K_\mathrm{r} K_0}$$

式中，A 为安全裕度；U_w 为绝缘的耐受电压，单位为 kV；$U_{0.\max}$ 为系统最大过电压，单位为 kV；U_x 为系统额定电压有效值，单位为 kV；K_r 为电压升高系数；K_0 为系统过电压倍数。

2）绝缘配合的统计法。统计法的根据是假定过电压和绝缘强度的概率分布函数是已知的或通过试验得到的。利用在大量统计资料基础上的过电压概率密度分布曲线以及通过试验得到绝缘放电电压的概率密度分布曲线，用计算的方法求出由过电压引起绝缘损坏的故障概率，通过技术经济比较确定绝缘水平。

由于实际工程中采用统计法进行绝缘配合是相当繁琐和困难的。因此，通常采用"简化统计法"。对过电压和绝缘强度的统计规律做出一些合理的假设，如正态分布和标准偏差等，在此基础上计算绝缘的故障率。

还必须指出，绝缘配合的统计法至今只能用于自恢复绝缘。因而要得出非自恢复绝缘击穿电压的概率分布是非常困难的。工程上通常对 220kV 及以下的自恢复绝缘均采用惯用法，而对 330kV 及以上的超高压自恢复绝缘才部分地采用简化统计法进行绝缘配合。

（2）带电作业中的绝缘配合　如果把带电作业中使用的绝缘工具（或作业空气间隙）作为电力系统中的一种设备看待，就同样存在绝缘配合问题。即若把绝缘工具（或间隙）的绝缘水平选得太低，则安全水平就低，事故率就高，带电作业就不安全；相反，若把绝缘工具（或间隙）的绝缘水平选得很高，则安全水平就高，作业安全很有保障，但配置的作业器具要求较高，投资增加，经济上不划算。在带电作业方法中，绝缘体与人体构成的回路有：①地电位作业法：大地—人体—绝缘工具—带电体（电气设备）；②中间电位作业法：大地—绝缘体—人体—绝缘工具（绝缘体）—带电体；③等电位作业法：大地—绝缘体—人体—带电体。进行带电作业时，为保证带电作业人员的安全，只有绝缘体和绝缘工具符合技术要求，并且人体与带电体保证有足够的安全距离，通过人体的泄漏电流才会小于人体的感知电流水平，此时带电作业人员才是安全的。如地电位作业时，作业人员就是站在大地或杆塔上用绝缘性能良好的绝缘工具（绝缘操作杆等）进行操作，此时绝缘工具应保持最短有效绝缘长度大于规定的安全长度，作业人员与带电设备保持最小安全距离，这样就有效增大带电作业回路的阻抗及电气绝缘，确保作

业人员的人身安全。这里的绝缘工具、安全距离等都是增大作业回路中阻抗的技术措施。

事实上,带电作业中的绝缘结构总是由自恢复和非自恢复两部分组成。空气间隙是自恢复绝缘的,而一般的带电作业工具、装置及设备的绝缘不能简单地说成是自恢复或非自恢复的,仅在一定的电压范围内,在工具、装置及设备的绝缘部分发生沿面或贯穿性放电的概率可忽略不计时(此时工具、装置及设备的放电概率与其自恢复绝缘部分的放电概率一致),才可称其绝缘为自恢复绝缘。与此相反,称其绝缘为非自恢复绝缘。

对于自恢复绝缘,可在有一定放电概率的条件下进行试验。例如,用超过额定冲击耐受水平的电压决定放电概率与所施加电压的相互关系,可直接获得较多的带电作业工具、装置及设备的绝缘特性的数据。而对非自恢复绝缘,多施加某一电压,如额定冲击耐受电压,绝缘虽未必放电,但可能发生不可逆的恶化,故对非自恢复绝缘只能施加有限次数的冲击电压进行试验。在带电作业中,通常将绝缘损坏危险率简称为危险率。设系统操作过电压的概率分布和空气间隙击穿的概率都服从正态分布,带电作业的危险率可由下式计算求得。

$$P_0 = \frac{1}{2}\int_0^\infty P_0(U)P_d(U)\mathrm{d}U$$

式中,$P_0(U)$ 为操作过电压幅值的概率密度函数;$P_d(U)$ 为空气间隙在幅值为 U 的操作过电压下击穿的概率分布函数。分别为

$$P_0(U) = \frac{1}{\sigma_0\sqrt{2\pi}} \cdot e^{-\frac{1}{2}\left(\frac{U-U_{ov}}{\sigma_0}\right)^2}$$

$$P_d(U) = \int_0^U \frac{1}{\sigma_d\sqrt{2\pi}} \cdot e^{-\frac{1}{2}\left(\frac{U-U_{ov}}{\sigma_d}\right)^2}\mathrm{d}U$$

式中,U_{ov} 为操作过电压平均值,单位为 kV;σ_0 为操作过电压的标准偏差,单位为 kV;σ_d 为绝缘放电电压的标准偏差,单位为 kV。

运用上述数学模型可编制计算程序,根据试验结果计算相应的带电作业危险率。在计算中,若系统内操作过电压出现幅值超过某一值的概率为 2% 时,该值称为系统的统计操作过电压,用 $U_{2\%}$ 表示;若系统内操作过电压出现幅值超过某一值的允许概率为 0.13%,该值称为系统的最大操作过电压,用 $U_{0.13\%}$ 表示,操作过电压平均值 U_{av} 可由下式计算。

$$U_{av} = \frac{U_{2\%}}{1+2.05\sigma_0} \quad 或 \quad U_{av} = \frac{U_{0.13\%}}{1+3\sigma_0}$$

式中,σ_0 为操作过电压的标准偏差,单位为 kV。

2. 安全间距

(1) 安全距离　安全距离是指为了保证人身安全,作业人员与带电体之间所应保持各种最小空气间隙距离的总称。具体地说,安全距离包括下列五种间隙距离:最小安全距离、最小对地安全距离、最小相间安全距离、最小安全作业距离和最小组合间隙。确定安全距离的原则,就是要保证在可能出现最大过电压的情况下不引起设备绝缘闪络、空气间隙放电或对人体放电。

在确定带电作业安全距离时,过去基本上不考虑系统、设备和线路长短,一律按系统可能出现的最大过电压来确定。实际上,当线路长度、系统结构、设备状况和作业工况等不一样时,线路的操作过电压会有较大差别。同时,如果在带电作业时停用自动重合闸,则带电作业时的实际过电压倍数将较系统中的最大过电压低。因此,在计算带电作业的安全距离和危险率时,应根据作业时的实际过电压倍数来计算分析。不同系统的过电压值可通过暂态网络分析仪等专用程序计算求得。在实际作业中,如果无该线路的操作过电压计算数据和测量数据,则应按该系统可能出现的最大过电压倍数来确定安全距离。

最小安全距离是指地电位作业人员与带电体之间应保持的最小距离。带电作业最小安全距离包括带电作业最小电气间隙及人体允许活动范围。在 IEC 标准中,最小电气距离是指带电作业工作点可防止发生电气击穿的最小间隙距离。最小间隙距离的确定受到多种因素的影响,主要包括间隙外形、放电偏差、海拔、电压极性等。作业间隙的形状对放电电压有明显的影响。在正极性标准冲击电压下,棒–板结构的放电电压最低,其间隙系数为 0.1。对于其他不同的间隙结构,可通过仿真试验求出不同电极结构下的间隙系数。间隙结构的不同直接影响到进入高电位的作业方式,试验结果表明,在同样的间隙距离下处于等电位的模拟人对侧边构架的放电电压要高于对顶部构架的放电电压。正常情况下,人体与带电体的最小安全距离分别是 0.4m(海拔不超过 3000m 地区)和 0.6m(海拔 3000~4500m 地区),20kV 时为 0.5m(海拔不超过 1000m 地区)。最小对地安全距离是指带电体上等电位作业人员与周围接地体之间应保持的最小距离。通常,带电体上等电位作业人员对地的安全距离等于地电位作业人员对带电体的最小安全距离。最小相间安全距离是指带电体上作业人员与邻相带电体之间应保持的最小距离。最小安全作业距离是指为了保证人身安全,考虑到工作中必要的活动,地电位作业人员在作业过程中与带电体之间应保持的最小距离。确定最小安全作业距离的基本原则是,在最小安全距离的基础上增加一个合理的人体活动范围增量。一般而言,增量可取 0.5m。

(2) 组合间隙　带电作业时,在接地体与带电体之间单间隙的基础上,由于人体的介入将单间隙分割为两部分,即人体对接地体之间和人体对带电体之间的两个间隙。这两个间隙的总和,称为组合间隙,即 $S_Z = S_1 + S_2$,如图 3-2 所示。

第 3 章 配网不停电作业理论基础

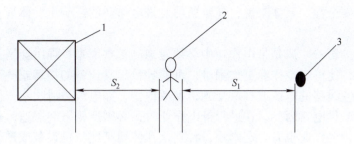

图 3-2 组合间隙示意图

1—杆塔（接地体） 2—人体 3—带电体

组合间隙是一种特殊的电极形式，通过对组合间隙的试验得出，组合间隙的放电电压都比同等距离、同种电极形式的单间隙放电电压降低了 20% 左右。因此，在确定组合间隙安全距离时，仍然以单间隙的人体对带电体最小安全距离增加 20% 左右来计算。

最小组合间隙是指在组合间隙中的作业人员处于最低的 50% 操作冲击放电电压位置时，人体对接地体与带电体两者应保持的距离之和。

（3）绝缘工具的有效长度 绝缘工具中往往有金属部件存在，计算绝缘工具长度时，必须减去金属部件的长度。而减去金属部件后的绝缘工具长度，被称为绝缘工具的有效长度或最短有效长度。

带电作业中，为了保证带电作业人员及设备的安全，除保证最小空气间隙外，带电作业所使用的绝缘工具的有效长度，也是保证作业安全的关键问题。试验证明，同样长度的空气间隙和绝缘工具做放电电压试验时，空气间隙的放电电压要高出 6%~10%，因此各电压等级绝缘工具有效长度按 1.1 倍的相对地安全距离值考虑。同时对于绝缘操作杆的有效长度，要考虑其使用中的损耗及在操作中杆前端可能向前越过一段距离，为此，绝缘操作杆的有效长度须再增加 0.3m，以作补偿。10kV 绝缘操作工具的最小有效长度分别为 0.7m（海拔不超过 3000m 地区）和 0.9m（海拔 3000~4500m 地区），绝缘承力工具的最小有效长度为 0.4m（海拔不超过 3000m 地区）和 0.6m（海拔 3000~4500m 地区）；海拔不超过 1000m 地区，20kV 绝缘操作工具的最小有效长度为 0.9m，绝缘承力工具的最小有效长度为 0.5m。

3.6 气象条件对带电作业的影响

带电作业是电力系统运维中一种常见而关键的作业方式，其安全性及效率受多种外界因素影响，其中气象条件是一个重要的环境因素。了解和掌握气象条件如何影响带电作业，对于确保作业人员的生命安全以及提高作业效率具有重大意义。气象条件对带电作业的影响是显著且多方面的，会直接或间接影响带电作业的效率和安全性。具体来说，气象条件对带电作业的影响主要体现在以下几个方面。

（1）风的影响　风是带电作业中必须考虑的重要因素。强风会增加作业人员的安全风险，使得高空作业更加困难，可能导致工具设备的损坏或坠落，同时也可能导致架空线路的电线或杆塔受到机械性损伤，如电线被风吹断或杆塔被风吹倒，从而中断供电。因此，在进行带电作业时，必须严格限制风速，确保作业安全。风向对带电作业也有一定影响，特别是在使用某些特定设备或进行某些特定操作时，需要考虑到风向对作业效果和安全性的影响。一般来说，当风力大于5级时，不宜进行带电作业，这是因为大风不仅会增加作业人员的安全风险，还可能影响作业工具的稳定性和绝缘性能。

（2）温度和湿度的影响

1）在高温环境下，作业人员容易受到热射线的辐射，导致中暑等健康问题，进而影响作业效率和安全，此外，高温还可能影响电力设备的正常运行，如变压器等设备在高温下可能过热，需要采取相应的降温措施。在低温环境下，作业人员可能受到寒冷刺激，产生冻伤等问题，同样不利于带电作业的顺利进行。

2）湿度过高会导致绝缘工具的绝缘强度下降，放电电压降低，从而增加触电风险。此外，湿度大还可能引起设备潮湿，导致电气故障或短路。具体来说，当湿度大于80%时，不宜进行带电作业。

（3）降水的影响

1）绝缘性能降低。降水（包括雨、雪和冰雹等形式）会导致设备及其周围环境的湿润，这可能降低绝缘材料的性能。湿度增高使得绝缘表面容易形成水膜，进而导致泄漏电流的增加，甚至可能发生短路或放电现象，增加作业的危险性。

2）作业环境恶化。降水会使得作业环境变得湿滑，不仅增加了作业人员滑倒的风险，同时也影响了作业设备的稳固性和操作的精准性，此外，雨水还可能导致视线不清，进一步增加作业难度和风险。持续的降雨或重度降水可能对电力设备本身造成损害，例如，雨水侵蚀设备表面，接口部位积水等，长此以往可能损害设备内部的电气部件，缩短设备的寿命并增加故障率。

3）雷电风险增加。降雨常伴随雷电现象，云层与地面之间的电荷积累可能导致雷击。对于高空作业的带电作业人员来说，雷击的风险极大增加，这不仅直接威胁到作业人员的生命安全，也可能导致设备的严重损坏。

（4）雷电的影响

1）过电压的产生。雷电能够在线路上产生很高的过电压，这种过电压通常被称为大气过电压，它远高于正常的工作电压，对电网系统构成巨大威胁。

2）设备损坏。雷电造成的高电压可能使带电设备和绝缘工具发生闪络或击穿，从而导致设备损坏，这种损坏不仅影响设备的正常运行，还可能引发更严重的电力事故。

3）人身安全威胁。直接威胁：雷电过电压能够击穿带电作业工具，对正在作业的人员构成直接的人身安全威胁，一旦工具被击穿，电流可能通过工具流入人体，导致触电事故。间接威胁：即使工具未被直接击穿，雷电也可能引发其他电力故障，如短路、断路等，这些故障同样可能对作业人员造成伤害。

4）作业环境恶化。雷电会使视野受限，雷电天气往往伴随着强风、暴雨等恶劣天气条件，这些条件会严重影响作业人员的视野和判断力，增加作业难度和风险，雷电还可能对通信设备造成干扰或损坏，导致作业现场与指挥中心之间的通信中断，无法及时传递信息和指令。

（5）应对措施　在进行带电作业前，必须充分了解当地的气象条件，并根据实际情况制定相应的安全防护措施。在作业过程中，应密切关注气象变化，一旦发现异常情况应立即停止作业并采取相应的应急措施。同时，应加强对作业人员的安全教育和培训，提高他们的安全意识和应对能力。

3.7　本章小结

本章全面深入地剖析了配网不停电作业技术相关的关键要素。

在电对人体影响方面，阐述了电流和电场对人体造成伤害的机制，明确了安全电压、电流及场强标准，为作业人员安全防护提供了依据。作业过程中的过电压部分，详细介绍了操作过电压和暂时过电压的类型、产生原因及特点，指出操作过电压是确定安全距离的关键依据。在电介质特性方面，讲解了电导、绝缘电阻、击穿强度与放电特性，分析了影响因素，强调了带电作业中泄漏电流的危害及防范措施。在绝缘配合与安全间距方面，阐述了绝缘配合方法及其在带电作业中的应用，明确了安全间距的各类要求及确定原则。最后，探讨了气象条件对带电作业的影响，包括风、温湿度、降水和雷电等因素，并提出应对措施。

这些内容为不停电作业的安全、高效开展奠定了坚实的理论和实践基础。

第4章

配网不停电作业常用工器具及绝缘遮蔽方法实训

4.1 引言

在电力系统的不停电作业领域,安全与高效是两大核心目标。

绝缘斗臂车及各类工器具作为实现这些目标的关键设备和工具,其正确操作、维护保养以及性能检测至关重要。绝缘斗臂车为作业人员提供了接近带电设备的平台,其操作的规范性直接影响到作业人员的安全和作业的顺利进行。各类工器具则是作业人员完成任务的得力助手,其性能的好坏和使用方法的正确与否,关系到作业质量和效率。同时,绝缘遮蔽方法及技能是保障作业安全的重要防线,通过有效遮蔽带电体,可防止相间或相对地短路,保护作业人员免受电击风险。

深入研究和掌握这些内容,对于提高不停电作业的安全性、可靠性和效率,推动电力行业的可持续发展具有重要意义。

4.2 绝缘斗臂车操作

4.2.1 绝缘斗臂车简介

绝缘斗臂车根据其工作臂的形式,可分为折叠臂式、直伸臂式、多关节臂式、垂直升降式和混合式;根据作业线路电压等级,可分为10kV、35kV、110kV等。

绝缘斗臂车由汽车底盘、绝缘斗、工作臂、斗臂结合部组成,如图4-1所示。绝缘斗、工作臂、斗臂结合部应能满足一定的绝缘性能指标。绝缘臂采用玻璃纤维增强型环氧树脂材料制成,绕制成圆柱形或矩形截面结构,具有自重轻、机械强度高、电气绝缘性能好、憎水性强等优点,在不停电作业时为人体提供相对地之间绝缘防护。绝缘斗分为单层斗和双层斗,外层斗一般采用环氧玻璃钢制作,内层斗采用聚四氟乙烯材料制作,绝缘斗应具有高电气绝缘强度,与绝缘臂一起组成相与地之间的纵向绝缘,使整车的泄漏电流小于500μA。工作时若绝缘斗同时触及两相导线,也不会发生沿面闪络。绝缘斗上下部都可进行液压控制,定位是通过绝缘臂上部斗中的作业人员直接进行操作的,下部控制台可进行应急控制

第4章 配网不停电作业常用工器具及绝缘遮蔽方法实训

操作,具有水平方向和垂直方向旋转功能。

图 4-1 绝缘斗臂车

采用绝缘斗臂车进行配网不停电作业是一种便利、灵活、应用范围广、劳动强度低的作业方法。

1. 绝缘斗臂车的工作环境

绝缘斗臂车正常工作对环境有一定要求,一般是允许风速不大于 10.8m/s,作业环境温度为 $-25\sim +40$℃,作业环境相对湿度不超过 90%,对海拔 1000m 及以上的地区,绝缘斗臂车所选用的底盘动力应适应高原行驶和作业,在行驶和作业过程中不会熄火。海拔每增加 100m,绝缘体的绝缘水平应相应增加 1%。

2. 工作性能要求

1)斗臂车应保证绝缘斗起升、下降作业时动作平稳、准确,无爬行、振颤、冲击及驱动功率异常增大等现象,微动性能良好。

2)绝缘斗的起升、下降速度不应大于 0.5m/s,同时绝缘斗在额定荷载下起升时应能在任意位置可靠制动。

3)具有绝缘斗、转台上下两套控制装置的斗臂车,转台处的控制应具有绝缘斗控制装置的功能,而且有越过绝缘斗控制装置的功能(即转台控制装置优先功能)。绝缘斗控制盘的装设位置应便于操作人员控制及具有防止误碰的设施。

4)斗臂车回转机构应能进行正反两个方向回转或 360° 全回转。回转时,绝缘斗外缘的线速度不应大于 0.5m/s。回转机构做回转运动时,起动、回转、制动应平稳、准确、无抖动、晃动现象,微动性能良好。

5)所有方向控制柄的操作方向应与所控设备的功能运动方向一致,操作人员放开控制柄,控制柄应能自动回到空档位置并停住,控制柄不得因振动等原因移位。

6)斗臂车液压系统应装有防止过载和液压冲击的安全装置。安全溢流阀的调整压力,一般以出厂说明为准,正常情况下不应大于系统额定工作压力的1.1倍。

3. 作业范围

绝缘斗臂车有其正常的作业范围,在使用绝缘斗臂车之前,必须先了解其许可作业范围。折叠臂式绝缘斗臂车的作业范围,根据折叠臂的长度和支点的两个圆弧确定。伸缩式绝缘斗臂车的作业范围,是斗臂伸出长度为半径的圆弧范围。MIN 代表支腿伸出最小,MID1 代表支腿伸出第一档,MID2 代表支腿伸出第二档,MAX 代表支腿伸出最大,如图 4-2 和图 4-3 所示。

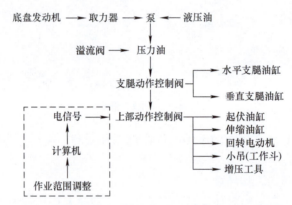

图 4-2 设有作业范围限制的绝缘斗臂车工作原理图

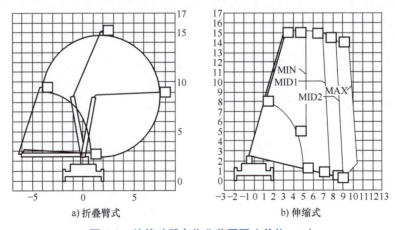

a) 折叠臂式　　b) 伸缩式

图 4-3 绝缘斗臂车作业范围图（单位:m）

4.2.2 绝缘斗臂车的使用与操作

1. 作业前的检查

1）环绕车辆进行目测检查。查看有无漏油，标牌、车体及绝缘斗等有无破损、变形情况。

2）起动发动机，产生油压，操作水平支腿、垂直支腿伸出，用于检查液压缸是否漏油。在取力器切换后，检查传动轴等有无异响。如果垂直支腿伸出后出现自然回落的现象，须进行进一步检查。

3）检查液压油的油量。

4）检查并确认限位安全装置正确动作。

5）检查绝缘斗的平衡度。重复几次上臂及下臂的操作，检查绝缘斗是否保持在水平状态。

6）在绝缘斗内操纵各操作杆，检查各部分动作是否正常，有无异响。

2. 操作步骤及方法

地面操作台如图 4-4 所示。

图 4-4　地面操作台

（1）发动机的起动操作

1）挂好手刹车，垫好三角块。

2）确认变速器杆处于中间位置，取力器开关扳至"关"的位置。变速器杆必须处于中间位置，不在中间位置时，操作发动机起动、停止会使车辆移动。

3）将离合器踏板踩到底，起动发动机。

4）踩住离合器踏板，将取力器开关扳至"开"的位置。此时计时器开始起动。

5）缓慢地松开离合器踏板。

6）通过上述操作，产生油压。冬季温度较低时，须在此状态下进行 5min 左右的预热运转。

7）油门高低速的操作。将油门切换至高速，提高发动机转速，以便快速地支撑好支腿，提高工作效率。工作臂操作时，为了防止液压油温过高，油门应调整为中速或急速状态。在作业中，不要用驾驶室内的油门踏板、手油门来提高发动机的转速。这样会使液压油温度急剧上升，造成故障。

（2）支腿的伸缩操作

1）水平支腿操作。在 4 个转换杆中，选出欲操作的水平支腿的转换杆，切换至"水平"位置；"伸缩"操作杆扳至"伸出"位置时，水平支腿就会伸出。水平支腿设有不同张幅的绝缘斗臂车，根据不同的张幅，臂的作业范围就会在计算机的控制下做相应的调整。先确认水平支腿伸出方向没有人和障碍物后,再做伸出操作。没有设置支腿张幅传感器的作业车,水平支腿一定要伸出到最大跨距,否则有倾翻的危险。在支腿的位置放置支腿垫板。

2)垂直支腿操作。将4个转换杆切换到"垂直"位置;"伸缩"操作杆扳至"伸出"位置,支腿就会伸出;先确认支腿和支腿垫板之间没有异物后,再放下支腿。放下垂直支腿后,确认以下三点:

① 所有车轮全部离开地面。

② 水平支腿张幅最大和垂直支腿着地的指示灯亮。

③ 车架基本处于水平状态,设有水平仪的车辆可根据水平仪进行调整。用手摇动各支腿确认已可靠着地。

若未达到上述三点,操作相应的支腿,调节其伸出量或增加支腿垫板。

水平支腿不伸出、轮胎不离地、垂直支腿放置不可靠时,车辆会出现倾翻;所有操作杆收回到中间位置,关闭支腿操作箱的盖子。绝对不允许为加大作业半径,而将支腿捆绑在建筑物上或者装上配重。这样做,会引起车辆倾翻、工作臂损坏等重大事故。不要在几个转换杆分别处于"水平"位置或"垂直"位置的状态下,操作水平支腿,这样做会引起水平支腿伸出或使垂直支腿收缩,引起车辆损坏。

3)收回操作方法要将各支腿收回到原始状态,应按照"垂直支腿→水平支腿"的顺序,以及1)项和2)项相反的顺序进行收回操作,收回后,各操作杆一定要返回到中间位置。

(3)安装接地棒

1)在电杆的地线上固定地线盘的接地夹子。

2)上述操作无法进行(近处没有地线)时,在泥地上先泼上水,将接地棒插进40cm以上,将地线盘的接地夹子固定在接地棒上,使其可靠地接地。在未安装接地棒的状态下,不得进行带电作业,也不得在靠近带电电线的地方作业。接地线要定期检查,确保没有断线。

(4)绝缘斗上的操作 绝缘斗操作台如图4-5所示。

1)工作臂的操作。工作臂的操作分为以下三个部分:

① 下臂操作(或升降操作)。折叠臂式绝缘斗臂车将下臂操作杆扳至"升",使下臂油缸伸出,下臂升;将下臂操作杆扳至"降",使下臂油缸缩进,下臂降。直伸臂式绝缘斗臂车则选择"升降"操作

图4-5 绝缘斗操作台

杆,扳至"升",使升降油缸伸出,工作臂升;扳至"降",使升降油缸缩回,工作臂降。

② 回转操作。将回转操作杆按标牌箭头方向扳动,使转台右回转或左回转。回转角度不受限制,可做360°全回转。在进行回转操作前,要先确认转台和工具箱之间是否有人或物品及有可能被夹的其他障碍物。作业车在倾斜状态下进行回转操作,会出现回转不灵活,甚至转不动的情况。因此,一定要使作业车基本水平停放。

③ 上臂操作(或伸缩操作)。折叠臂式绝缘斗臂车将上臂操作杆扳至"升",使上臂油缸伸出,上臂升;将上臂操作杆扳至"降",使上臂油缸缩回,上臂降。

2)绝缘斗摆动操作。将绝缘斗摆动操作杆按标牌箭头方向扳动,使绝缘斗右摆动或左摆动。

3)紧急停止操作。接通紧急停止操作杆时,上部的动作均停止,发动机不会停止。在下述情况时可参考操作:

① 绝缘斗上的作业人员为避免危险情况需停止工作臂的动作。

② 操作控制出现失控的情况。

(5)转台处的操作

1)工作臂的操作。在工作臂收回到托架上的状态下,不可进行工作臂的回转操作。

① 下臂操作(或升降操作)。折叠臂式绝缘斗臂车,将下臂操作杆扳至"升",使下臂油缸伸出,下臂升;将下臂操作杆扳至"降",使下臂油缸缩进,下臂降。直伸臂式绝缘斗臂车,选择"升降"操作杆,扳至"升",使升降油缸伸出,工作臂升;扳至"降",使升降油缸缩回,工作臂降。

② 上臂操作(或伸缩操作)。折叠臂式绝缘斗臂车,将上臂操作杆扳至"升",使上臂油缸伸出,上臂升;将上臂操作杆扳至"降",使上臂油缸缩进,上臂降。直伸臂式绝缘斗臂车,选择"伸缩"操作杆,扳至"伸",使伸缩油缸伸出,工作臂伸长;扳至"缩",使伸缩油缸缩回,工作臂缩短。

③ 回转操作。将回转操作杆按标牌箭头方向扳动,转台左回转或右回转。

2)紧急停止操作。使用紧急停止操作杆进行紧急停止操作。接通紧急停止操作杆时,上部及下部操作的全部动作均停止,上述操作主要在以下情况时进行:

① 地面上的人员判断继续由上部进行操作会出现危险的情况。

② 操作控制出现失控的情况。

(6)应急泵的操作 该操作用应急泵开关来进行。绝缘斗臂车因发动机或泵出现故障,使操作无法进行时,可起动应急泵,使绝缘斗上的作业人员安全降到地面。只有在应急开关"接通"时,应急泵工作。应急泵一次动作时间在30s内,到下一次起动,必须要等待30s的间隔才可以进行。为了防止损坏应急泵,应急泵不要用于常规作业，也不要在不符合的状态下进行操作。操作前须确认取力器和发动机钥匙开关拨至"ON"位置。

3. 使用绝缘斗臂车注意事项

1）绝缘斗臂车操作员必须经过专业的技术培训，并且由接受作业任务的操作员进行操作。

2）在天气情况恶劣、下雨及绝缘斗等部件潮湿时，应停止使用绝缘斗臂车。恶劣天气的标准为：

① 强风，10min 内的平均风速大于 10m/s。

② 大雨，一次降雨量大于 50mm。

③ 大雪，一次积雪量大于 25mm。

在开阔平地上空 1m 处的风速概况可以参考表 4-1 进行对比判断。

表 4-1 风速与高差对应概况

地面上空 10m 处的风速 /（m/s）	地面上的状况
5.5～7.9	灰沙被吹起，纸片飞扬
8.0～10.7	树叶茂盛的大树摇动，池塘里泛起波浪
10.8～13.8	树干摇动，电线作响，雨伞使用困难
13.9～17.2	树干整体晃动严重，迎风步行困难

平均风速在离开地面的高度越高时就越大。在离地面高度超过 10m 时，应考虑风速的因素，作业高度处的风速应不超过 10m/s。

3）夜间作业时，应确保作业现场照明满足工作需要，操作装置部分要确保照明，防止误操作。

4）停车后，应垫好车轮的三角垫块，垫块的放置应有效防止车辆滑行。在有坡度的地面停放时，坡度不应大于 7°且车头应向下坡方向。

5）作业时注意事项：

① 在进行作业时，必须伸出水平支腿，以便可靠地支撑车体，确认着地指示灯亮（没有着地指示灯设置者，应逐一检查支腿着地情况）后，再进行作业。水平支腿未伸出支撑时，不得进行旋转动作，否则车辆有发生倾翻的危险（装有支腿张开幅度传感器及计算机控制作业范围的车辆除外）。在固定垂直支腿时，不要使垂直支腿支撑在路边沟槽上或软基地带，沟槽盖板破损时，会引起车辆倾翻。

② 绝缘斗内工作人员要佩戴安全带，将安全带的钩子挂在安全绳的挂钩上。不要将可能损伤绝缘斗、绝缘斗内衬的器材堆放在绝缘斗内，当绝缘斗出现裂纹、伤痕等，会使其绝缘性能降低。绝缘斗内不要装载高于绝缘斗的金属物品，避免绝缘斗中金属部分接触到带电导线时，导致触电危险。任何人不得进入工作臂及其重物的下方。火源及化学物品也不得接近绝缘斗。

③ 操作绝缘斗时，注意动作幅度，缓慢操作。假如急剧操纵操作杆，动作过

猛有可能使绝缘斗碰撞较近的物体，造成绝缘斗损坏和人员受伤。在进行反向操作时，要先将操作杆返回到中间位置，使动作停止后再扳到反向位置。绝缘斗内人员工作时，要防止物品从斗内掉出去。

④ 工作中还要注意以下情况。作业人员不得将身体越出绝缘斗之外，不要站在栏杆或踏板上进行作业。作业人员要站在绝缘斗底面以稳定的姿态进行作业。不要在绝缘斗内使用扶梯、踏板等进行作业，不要从绝缘斗上跨越到其他建筑物上，不要使用工作臂及绝缘斗推拉物体，不要在工作臂及绝缘斗安装吊钩、缆绳等起吊物品，绝缘斗不得超载。

6）冬季及寒冷地区注意事项。在冬季室外气温低及降雪等情况进行作业时，因动作不便可能引起事故，应注意以下情况：

① 在降雪后进行作业，一定要先消除工作臂托架的限位开关等安全装置、各操作装置及其外围装置、工作臂、绝缘斗周围部分、工作箱顶、运转部位等部位的积雪，确认各部位动作正常后再进行作业。

② 清除积雪时，不要采用直接浇热水的方法，防止热水直接浇在操作装置部位、限位开关部位及检测器等的塑料件上，因温度急剧变化产生裂痕或开裂，造成机械装置故障。

③ 气温降低及降雪时，对开关及操作杆的影响比正常情况严重，这是由低温使得各操作杆的活动部分略有收缩引起的，功能方面不会受影响。在动作之前，多操作几次操作杆，并确认各操作杆都已经返回到原始位置之后，再进行正常作业。由于同样的原因，工作臂在动作中可能出现"噗"或"嚓"的声音，通过预热运转，随着油温及液压部件温度上升，这些声音会随之消失。

④ 下雪天作业之后，在收回工作臂前，先清除工作臂托架上限位开关处的积雪，然后再收回工作臂。如果不先清除积雪就收回工作臂，会使积雪冻结，引起安全装置动作不可靠等问题。

4.2.3　绝缘斗臂车维护与保养

1. 日常检查

1）外观检查。用肉眼检查绝缘部件表面损伤情况，如裂缝、绝缘剥落、深度划痕等。

2）功能检查。斗臂车起动后，应在绝缘斗无人的情况下使控制系统工作一个循环。检查中应注意是否有液体渗出、液压缸有无渗漏、异常噪声、工作失误、漏油、不稳定运动或其他故障。

2. 定期检查

定期检查的周期，可根据生产厂商的建议和其他影响因素，如运行状况、保养程度、环境状况来确定，但定期检查的最大周期不超过12个月。定期检查必须由专业人员完成。

3. 液压油使用及更换

斗臂车液压系统液压油清洁度降低或变质后，其电气性能会降低，从而影响绝缘斗臂车的性能。在购置新车使用100h或一个月（计数器读数）后，需更换液压油，以后每1200h或12个月更换一次液压油。每次更换液压油时，都需清洗油箱，清洗或更换回油过滤器及吸油过滤器的滤芯。

4. 车辆润滑保养

根据车辆润滑图，按规定的周期对车辆进行润滑保养，提高整车的性能，延长绝缘斗臂车的使用寿命。

每30h或每周一次对以下部件进行润滑，起吊部、摆动部、绝缘斗回转轴、平衡液压缸、升降液压缸、工作臂轴、回转臂轴。每100h或一个月对中心回转体、每800h或6个月对转动轴进行润滑。每1200h或12个月更换一次油脂（第一次更换时间为100h或一个月），包括小吊减速机齿轮油、同轴减速器齿轮油。

5. 绝缘部件保养

绝缘斗臂车在行进过程中绝缘斗必须恢复到行驶位置。带吊臂的绝缘斗臂车，吊臂应卸掉或缩回。上臂应折起来，下臂应降下来，上、下臂均应回位到各自独立的支撑架上。伸缩臂必须完全收回。上、下臂必须固定牢靠，以防止在运输过程中由于晃动受到撞击而损坏。

绝缘斗臂车在行进过程中，高架装置也处于位移之中，两臂的液压操作系统必须切断以防止绝缘斗的液压平衡装置来回摆动。

绝缘斗臂车在运输和库存过程中必须采用防潮保护罩进行防护，以免长期暴露在污染环境中，降低其绝缘耐受水平。

6. 车辆保养

必须有专用车库，库房内应具有防潮、防尘及通风等设施。

经常清洗或清扫各部位，严禁使用高压水冲洗，冬季要防止冻结。为了延长底盘悬簧寿命，长时间停放时必须撑起垂直支腿。在屋顶较低的室内，应注意防止工作时碰到屋顶而损坏。车辆在长期存放中，液压缸的活塞杆上要涂上防锈油，每1个月发动一次发动机，防止润滑部分出现油膜断开的现象。

4.2.4 绝缘斗臂车测试

绝缘斗臂车测试项目包括：绝缘斗耐压及泄漏电流试验、绝缘臂耐压及泄漏电流试验、绝缘液压油击穿强度试验、绝缘胶皮管试验、斗臂车绝缘体材料性能试验。

1. 绝缘斗耐压及泄漏电流试验

绝缘斗（包括具有内、外绝缘斗的内衬斗、外层斗的交流耐压试验一般根据用户的需要确定）的交流耐压以及泄漏电流试验，一般采用连续升压法升压，试验电极一般采用宽为12.7mm的导电胶带设置。工频耐压试验过程中无火花、飞弧或击穿,无明显发热(温升小于10℃)为合格。

2. 绝缘臂耐压及泄漏电流试验

悬臂内绝缘拉杆、绝缘斗内小吊臂耐压检测与绝缘臂的耐压检测相同,一般采用连续升压法升压,试验电极一般采用宽为12.7mm的导电胶带设置。绝缘臂、悬臂内绝缘拉杆、绝缘斗内小吊臂工频耐压试验方法基本一致。试验过程中无火花、飞弧或击穿,无明显发热(温升小于10℃)为合格。

为掌握绝缘斗臂车实际作业条件下的泄漏值,确保不停电作业安全,应对绝缘臂成品进行交流泄漏电流(全电流)试验。悬臂上具有绝缘臂段的斗臂车,施加的交流工频电压值为50kV,加压时间为1min。

3. 绝缘液压油击穿强度试验

用于承受不停电作业电压的液压油,应进行击穿强度试验,更换、添加的液压油也必须试验合格。绝缘液压油的击穿强度试验应连续进行3次,油杯间隙为2.5mm,升压速度为2kV/s(匀速)。每次击穿后,用准备好的玻璃棒在电极间搅动数次或用其他方式搅动,清除因击穿而产生的游离碳,并静置1~5min(气泡消失)。在试验中,每次单独击穿电压不小于10kV,6次试验的平均击穿电压不小于20kV为合格。

4. 绝缘胶皮管试验

斗臂车使用的绝缘胶皮管型式试验包括:机械疲劳试验、液压试验、漏油试验、长度改变试验、冷弯试验、电气性能试验、受损后试验。

1)机械疲劳试验。胶皮管应同时承受装有金属管套的压力周期和胶皮管部分的弯折周期试验。

2)液压试验。根据胶皮管的型号和用途,斗臂车的每一根胶皮管应进行液压试验,试验方法为将胶皮管装置加压到使用压力的120%,持续3~60s,整个装配管不出现漏油或破损为合格。

3)漏油试验。将胶皮管装置加压到最低规定破裂压力表的70%,持续(5+0.5)s。胶皮管不出现漏油或破损为合格。

4)长度改变试验。胶皮管两管套之间至少应有300mm长的胶皮管,胶皮管加压到压力的120%,持续30s后消除压力,当压力消除后,可使其恢复稳定状态达30s,然后在距管套250mm处,对胶皮管外皮准确地标上标记,再将胶皮管加压到使用压力的120%,持续30s并测出加压后套管与标记处的距离,胶皮管的长度改变不超过原来的5%为合格。

5)冷弯试验。将胶皮管或胶皮管装置伸直,置于-250℃温度下24h。试样仍保持在该情况下,能均匀、一致地弯曲,其弯曲直径为胶皮管允许弯曲直径的两倍。标称内直径不小于25.4mm的胶皮管,其弯曲度为90%。弯曲要在8~12s内完成。弯曲后,将试样置于室内待其恢复到室温,检查胶皮管外部情况是否存在破损现象,然后再进行漏油试验。胶皮管不出现破裂或漏油为合格。

6)电气性能试验。只适用于斗臂车接地部分与绝缘斗之间承受不停电作业电压的胶皮管(包括光缆、平衡拉杆等),应在装配前进行。

7)受损后试验。承受不停电作业电压的胶皮管,受损后会影响其电气性能,如果损坏严重,胶皮管可能会燃烧。

5. 斗臂车绝缘体材料性能试验

斗臂车绝缘体材料性能试验分为型式试验和出厂检验。绝缘臂、绝缘斗用绝缘材料物理化学性能试验包括密度、吸水率、马丁耐热性、可燃性、气候环境、压缩、弯曲和冲击强度试验。绝缘臂、绝缘斗用绝缘材料电气性能试验包括体积电阻率、表面电阻率、介质损失角正切、相对介电常数、介电强度试验。

4.3　各类工器具的操作方法

4.3.1　操作工具

1. 绝缘手工工具

(1)定义

1)包覆绝缘手工工具:由金属材料制成,全部或部分包覆有绝缘材料的手工工具。

2)绝缘手工工具:除了端部金属插入件以外,全部或主要由绝缘材料制成的手工工具。

(2)技术要求

1)在规定的正常使用条件下,包覆绝缘手工工具和绝缘手工工具应保证操作人员和设备的安全。

2)手工工具在包覆绝缘层后应不影响工具的机械性能。

3)带电作业用绝缘手工工具常用来支撑、移动带电体或切断导线,必须有足够的机械强度以防断裂而造成事故。

4)绝缘材料应根据使用中可能经受的电压、电流、机械和热应力进行选择,绝缘材料应有足够的电气绝缘强度和良好的阻燃性能。

5)绝缘层可由一层或多层绝缘材料构成,如果采用两层或多层,可以使用不同的颜色,绝缘外表面应具有防滑性能。

6)在环境温度为 –20 ~ +70℃ 范围内,工具的使用性能应满足工作要求,制作工具的绝缘材料应牢固地黏附在导电部件上,在低温环境中(–40℃)使用的工具应标上 C 类标记,并按低温环境进行设计。

7)可装配的工具应有锁紧装置以避免因偶然原因脱离。

8)双端头带电作业工具应制成绝缘工具而不应制成包覆绝缘工具。

9)金属工具的裸露部分应采取必要的防锈处理。

（3）主要绝缘手工工具

1）螺丝刀和扳手。常见螺丝刀和扳手如图4-6所示。螺丝刀工作端允许的非绝缘长度：槽口螺丝刀最大长度为15mm；其他类型的螺丝刀（方形、六角形）最大长度为18mm。螺丝刀刃口的绝缘应与柄的绝缘连在一起，刃口部分的绝缘厚度在距刃口端30mm 的长度内不应超过2mm，这一绝缘部分可以是柱形的或锥形的。

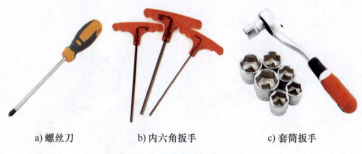

a) 螺丝刀　　　　b) 内六角扳手　　　　c) 套筒扳手

图 4-6　常见螺丝刀和扳手

操作扳手的非绝缘部分为端头的工作面；套筒扳手的非绝缘部分为端头的工作面和接触面。

2）手钳、剥皮钳、电缆剪及电缆切割工具。常用手钳、剥皮钳、电缆剪及电缆切割工具如图4-7所示。

a) 钢丝钳　　　　b) 尖嘴钳　　　　c) 斜口钳

d) 剥皮钳　　　　e) 断线钳1　　　　f) 断线钳2

图 4-7　常用手钳、剥皮钳、电缆剪及电缆切割工具

绝缘手柄应有护手，以防止手滑向端头未包覆绝缘材料的金属部分，护手应有足够高度，以防止工作中手指滑向导电部分。

手钳握手水平方向，护手高出扁平面 10mm；手钳握手垂直方向，护手高出扁平面 5mm。

护手内侧边缘到没有绝缘层的金属裸露面之间的最小距离为 12mm，护手的绝缘部分应尽可能向前延伸，实现对金属裸露面的包覆。对于手柄长度超过 400mm 的工具，可以不需要护手。

3）刀具。常见刀具如图 4-8 所示。

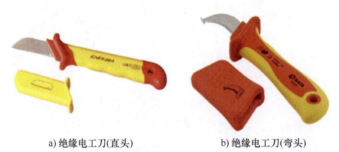

a) 绝缘电工刀（直头）   b) 绝缘电工刀（弯头）

图 4-8 常见刀具

绝缘手柄的最小长度为 100mm。为了防止工作时手滑向导体部分，手柄的前端应有护手，护手的最小高度为 5mm。

护手内侧边缘到非绝缘部分的最小距离为 12mm，刀口非绝缘部分的长度不超过 65mm。

4）镊子。常用绝缘镊子如图 4-9 所示。

镊子的总长为 130～200mm，手柄的长度应不小于 80mm。

镊子的两手柄都应有一个护手，护手不能滑动，护手的高度和宽度应足以防止工作时手滑向端头未包覆绝缘的金属部分，最小尺寸为 5mm。手柄边缘到工作端头的绝缘部分的长度应在 12～35mm。工作端头未绝缘部分的长度应不超过 20mm。

图 4-9 常用绝缘镊子

全绝缘镊子应没有裸露导体部分。

（4）标识、包装与贮存

1）标识。每件工具或工具构件应按下述要求标明醒目且耐久的标识：

① 在绝缘层或金属部分上标明产地（生产厂家名称或商标）。

② 在绝缘层上标明型号、参数、制造日期（至少有年份的后两位数）。

③在绝缘层上应有标志符号，标志符号为双三角形。

④设计用于超低温度（-40℃）的工具，应标上字母"C"。

2）包装。手工工具包装箱上应注明厂名、厂址、商标、产品名称、规格、型号等，包装箱内应附有产品说明书，说明书中包括类型说明、检查说明、维护、保管、运输、组装和使用说明。

3）贮存。手工工具应妥善贮存在干燥、通风、避免阳光直晒、无腐蚀有害物质的位置，并应与热源保持一定的距离。

2. 绝缘操作工具

（1）绝缘操作棒

1）主要作用。绝缘棒又称绝缘杆、操作杆。它的主要作用是接通或断开隔离开关、跌落式熔断器，安装和拆除携带型接地线以及带电测量和试验工作，如图4-10所示。

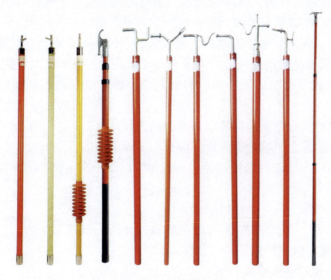

图 4-10 绝缘操作棒

2）使用方法和注意事项如下：

①使用绝缘棒时，工作人员应戴绝缘手套和穿绝缘靴，以加强绝缘棒的保护作用。

②在下雨、下雪或潮湿天气，在室外使用绝缘棒时，应装有防雨的伞形罩，以增加爬电距离。

③使用绝缘棒时要注意防止碰撞，以免损坏表面的绝缘层。

④绝缘棒应存放在干燥的地方，以防止受潮，一般应放在特制的架子上或垂直悬挂在专用挂架上，以防变形弯曲。

⑤ 绝缘棒不得直接与墙或地面接触,以防碰伤其绝缘表面。

⑥ 绝缘棒应定期进行绝缘试验,一般每年试验一次,试验周期与标准参见有关标准。

(2) 放电棒

1) 主要作用。放电棒用于室外各项高电压试验、电容元件试验中,在其断电后,对其积累的电荷进行对地放电,确保人身安全。伸缩型高压放电棒便于携带,方便、灵活,具有体积小、质量轻、安全的特点,如图 4-11 所示。

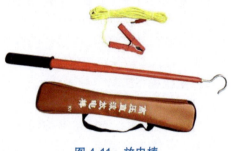

图 4-11 放电棒

2) 使用方法和注意事项如下:

① 把配制好的接地线插头插入放电棒的头端部位的插孔内,将地线的另一端与大地连接,接地要可靠。

② 放电时应在试验完毕或元件断电后,方可放电。

③ 放电时应先用放电棒前端的金属尖头,慢慢地去靠近已断开电源的试品或元件。然后再用放电棒接地线上的钩子去钩住试品,进行第二次直接对地放电。

④ 大电容积累电荷的大小与电容的大小、施加电压的高低和时间的长短成正比。

⑤ 严禁拉开试验电源前用放电棒对试品进行放电。

⑥ 放电棒受潮会影响绝缘强度,应放在干燥的地方。

⑦ 放电棒应定期进行绝缘试验,一般每年试验一次,试验周期与标准参见有关标准。

(3) 绝缘夹钳

1) 主要作用。绝缘夹钳是用来安装和拆卸高、低压熔断器或执行其他类似工作的工具,如图 4-12 所示。

2) 使用和保管注意事项如下:

① 绝缘夹钳不允许装接地线,以免操作时接地线在空中摆动造成接地短路和触电事故。

② 在潮湿天气只能使用专用的防雨绝缘夹钳。

③ 绝缘夹钳要保存在特制的箱子里,以防受潮。

④ 工作时,应戴护目眼镜、绝缘手套和穿绝缘鞋或站在绝缘台(垫)上,手握绝缘夹钳要保持平衡。

图 4-12 绝缘夹钳

⑤ 绝缘夹钳要定期试验,试验周期为一年。

(4) 绝缘绳 绝缘绳是广泛应用于带电作业的绝缘材料之一,可用作运载工具、攀登工具、吊拉绳、连接套及保安绳等。绝缘绳如图 4-13 所示。

a) 绳索　　　　　　　　　　　b) 绳套

图 4-13　常用的绝缘绳

目前带电作业常用的绝缘绳主要有蚕丝绳、锦纶绳等,其中以蚕丝绳应用得最为普遍。在使用常规绝缘绳时,应特别注意避免受潮。除了普通的绝缘绳,还有防潮型绝缘绳。在环境湿度较大的情况下进行带电作业,必须使用防潮型绝缘绳。

3. 不停电作业工具的检查和定期检测

(1) 使用前检查　为了确保工具电气和机械特性的完整,在每次使用工具之前,应进行仔细的检查,这些检查应包括以下各点:

1) 工具在经贮存和运输之后应无损伤(例如:工具的绝缘表面应无孔洞、无撞伤、无擦伤和无裂缝等)。

2) 工具应是洁净的。

3) 工具的可拆卸部件或各组件经装配后应是完整的。

4) 工具应能正确操作(例如:工具应转动灵活、无卡阻、锁位功能正确等)。

(2) 定期检测　检查和测试一般包括目视检查、电气和机械性能试验。

用于低压(低于 1kV 有效值)的带电作业工具,一般不需做定期电气试验来鉴定其绝缘性能(除非有特殊要求),这是因为在设计上其绝缘水平已有足够的裕度,而目视检查已足以看出其性能如何。

4.3.2　防护用具

1. 个人防护用具

(1) 个人绝缘防护用具

1) 用具种类。当作业人员穿戴或使用绝缘防护用具时,绝缘防护用具可以防止触电等人身伤害。绝缘防护用具有安全帽、绝缘衣、绝缘裤、绝缘袖套、绝缘手套、防刺穿手套、绝缘鞋(靴)、绝缘垫等,如图 4-14 所示。

① 安全帽。采用高强度塑料或玻璃钢等材料制作。具有较轻的质量、较好的抗机械冲击特性、一定的电气性能,并有阻燃特性。

② 绝缘衣、绝缘裤。带电作业的人身安全防护,防止意外碰触带电体。质地柔软、外层防护机械强度适中,穿着舒适。

a) 安全帽　　b) 绝缘衣　　c) 绝缘裤
d) 绝缘袖套　　e) 绝缘手套　　f) 防刺穿手套
g) 绝缘鞋　　h) 绝缘靴　　i) 绝缘垫

图 4-14　个人绝缘防护用具

③ 绝缘袖套。用合成橡胶或天然橡胶制成，在作业过程中，主要起到对作业人员手臂的触电安全防护。

④ 绝缘手套。用合成橡胶或天然橡胶制成，其形状为分指式。绝缘手套被认为是保证配电线路带电作业安全的最后一道保障，在作业过程中必须使用绝缘手套。

⑤ 防刺穿手套。防刺穿手套戴在绝缘手套外部，用来防止绝缘手套受到外力刺穿、划伤等机械损伤。其表面应能防止机械磨损、化学腐蚀，抗机械刺穿，并具有一定的抗氧化能力和阻燃特性。

⑥ 绝缘鞋（靴）。绝缘鞋（靴）可作为与地保持绝缘的辅助安全用具，是防护跨步电压的基本安全用具。常见的绝缘鞋面材料有布面、皮面、胶面。

⑦ 绝缘垫。由特种橡胶制成，具有良好的绝缘性能，用于加强工作人员对地的绝缘，避免或减轻接触电压与跨步电压对人体的伤害。

2）预防性试验要求。个人绝缘防护用具的预防性试验要求见表 4-2。

表 4-2　个人绝缘防护用具的预防性试验要求

名称	使用电压等级 /V	耐压试验要求	试验周期
绝缘服	380	5kV/1min	6 个月
绝缘裤	380	5kV/1min	6 个月
绝缘袖套	380	5kV/1min	6 个月
绝缘手套	380	5kV/1min	6 个月
绝缘鞋	400	5kV/1min 泄漏电流 ≤ 1.5mA	6 个月
绝缘靴	3000	10kV/1min 泄漏电流 ≤ 18mA	6 个月
绝缘垫	380	5kV/1min	6 个月

（2）个人电弧防护用具

1）用具种类。电弧防护用具在作业中遇到电弧或高温时，能对人员起到重要的防护作用。主要有防电弧服、防电弧手套、防电弧鞋罩、防电弧头罩、防电弧面屏、护目镜等，如图 4-15 所示。

① 防电弧服。防电弧服一旦接触到电弧火焰或炙热时，内部的高强低延伸防弹纤维会自动迅速膨胀，从而使面料变厚且密度变高，防止被点燃并有效隔绝电弧热伤害，形成对人体保护性的屏障。

② 防电弧手套。防止意外接触电弧或高温引起的事故，能对手部起到保护作用。面料采用永久阻燃芳纶，不熔滴，不易燃，燃烧无浓烟，面料有碳化点。

图 4-15　个人电弧防护用具

③ 防电弧鞋罩。防止意外接触电弧或高温引起的事故，能对脚部起到保护作用。面料采用永久阻燃芳纶，不熔滴，不易燃，燃烧无浓烟，面料有碳化点。

④ 防电弧头罩、防电弧面屏。防止电弧飞溅、弧光和辐射光线对头部和颈部损伤的防护工具。

⑤ 护目镜。作业时能对眼睛起到一定防护作用。

2）选择与配置。

① 架空线路不停电作业。采用绝缘杆作业法进行带电作业，电弧能量不大于 1.13cal/cm^2，须穿戴防电弧能力不小于 1.4cal/cm^2 的分体式防电弧服装，戴护目镜；采用绝缘手套作业法进行带电作业，电弧能量不大于 5.63cal/cm^2，须穿戴防

电弧能力不小于 6.8cal/cm² 的分体式防电弧服装，戴相应防护等级的防电弧面屏。

② 室外巡视、检测和架空线路测量。电弧能量不大于 3.45cal/cm²，须穿戴防电弧能力不小于 4.1cal/cm² 的分体式防电弧服装，戴护目镜。

③ 配电柜内带电作业和倒闸操作。电弧能量不大于 22.56cal/cm²，须穿戴防电弧能力不小于 27.0cal/cm² 的连体式防电弧服装，穿戴相应防护等级的防电弧头罩。

④ 室内巡视、检测和配电柜内测量。电弧能量不大于 14.81cal/cm²，须穿戴防电弧能力不小于 17.8cal/cm² 的连体式防电弧服装，戴防电弧面屏。

3）使用、维护与报废。个人电弧防护用具的使用：

① 个人电弧防护用具应根据使用场合合理选择和配置。

② 使用前，检查个人电弧防护用具应无损坏、无沾污。检查应包括防电弧服各层面料及里料、拉链、门襟、缝线、扣子等主料及附件。

③ 使用时，应扣好防电弧服纽扣、袖口、袋口、拉链，袖口应贴紧手腕部分，没有防护效果的内层衣物不准露在外面。分体式防护服必须衣、裤成套穿着使用，且衣、裤必须有重叠面，重叠面不少于 15cm。

④ 使用后，应及时对个人电弧防护用具进行清洁、晾干，避免沾染油及其他易燃液体，并检查外表是否良好。

个人电弧防护用具的维护：

① 个人电弧防护用具应实行统一严格管理。

② 个人电弧防护用具应存放在清洁、干燥、无油污和通风的环境，避免阳光直射。

③ 个人电弧防护用具不准与腐蚀性物品、油品或其他易燃物品共同存放，避免接触酸、碱等化学腐蚀品，以防止腐蚀损坏或被易燃液体渗透而失去阻燃及防电弧性能。

④ 修补防电弧服时只能用与生产服装相同的材料（线、织物、面料），不能使用其他材料。出现线缝受损，应用阻燃线及时修补。较大的破损修补建议由专业服装技术工人操作。

⑤ 电弧防护服、防护头罩（不含面屏）、防护手套和鞋罩清洗时应使用中性洗涤剂，不得使用肥皂、肥皂粉、漂白粉（剂）洗涤去污，不得使用柔软剂。

⑥ 面屏表面清洗时避免采用硬质刷子或粗糙物体摩擦。

⑦ 防电弧服装应与其他服装分开清洗，宜采用热烘干方式干燥，晾干时避免日光直射、暴晒。

符合以下其中一项即应报废：

① 损坏并无法修补的个人电弧防护用具应报废。

② 个人电弧防护用具一旦暴露在电弧能量之后应报废。

2. 绝缘遮蔽用具

在低压配电网不停电作业中，可能引起相间或相对地短路时，需对带电导线或地电位的杆塔构件进行绝缘遮蔽或绝缘隔离，形成一个连续扩展的保护区域。绝缘遮蔽用具可起到主绝缘保护的作用，作业人员可以碰触绝缘遮蔽用具。

绝缘遮蔽用具包括各类硬质和软质绝缘遮蔽罩。硬质绝缘遮蔽罩一般采用环氧树脂、塑料、橡胶及聚合物等绝缘材料制成。在同一遮蔽组合绝缘系统中，各个硬质绝缘遮蔽罩相互连接的端部具有通用性。软质遮蔽罩一般采用橡胶类、软质塑料类、PVC 等绝缘材料制成。根据遮蔽对象的不同，在结构上可以做成硬壳型、软型或变形型，也可以为定型或平展型的。

（1）常见的种类

1）导线遮蔽罩：用于对裸导体进行绝缘遮蔽的套管式护罩，带接头或不带接头。有直管式、下边缘延裙式、自锁式等类型，如图 4-16 所示。

2）跳线遮蔽罩：用于对开关设备的上下引线、耐张装置的跳线等进行绝缘遮蔽的护罩，如图 4-17 所示。

图 4-16　导线遮蔽罩　　　　　　图 4-17　跳线遮蔽罩

3）导线末端套管：用于对各类不同截面导线的端部进行绝缘遮蔽，如图 4-18 所示。

低压绝缘子帽　　室内用低压导线末端套　　户外架空线/接地线路/
　　　　　　　　管直径：6mm、7.5mm、　室内安装用低压导线
　　　　　　　　9.5mm、13.5mm、17.5mm　末端套管直径：11mm、
　　　　　　　　　　　　　　　　　　　15mm、20mm、30mm

a)　　　　　　　　b)　　　　　　　　c)　　　　　　　　d)

图 4-18　导线末端套管

4）绝缘子遮蔽罩：用于对低压架空线路的直线杆绝缘子进行绝缘遮蔽，如图 4-19 所示。

图 4-19　绝缘子遮蔽罩

5）熔断器遮蔽罩：用于对低压配电柜内的熔断器进行绝缘遮蔽的护罩，如图 4-20 所示。

图 4-20　熔断器遮蔽罩

6）低压绝缘毯：用于对低压线路装置上带电或不带电部件进行绝缘包缠遮蔽，如图 4-21 所示。

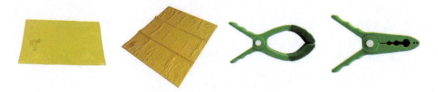

图 4-21　低压绝缘毯和毯夹

7）绝缘隔板（又称绝缘挡板）：用于隔离带电部件、限制带电作业人员活动范围的硬质绝缘平板护罩，如图 4-22 所示。

（2）预防性试验要求　绝缘遮蔽用具预防性试验要求见表 4-3。

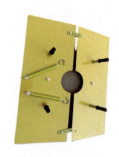

图 4-22　绝缘隔板

第 4 章　配网不停电作业常用工器具及绝缘遮蔽方法实训

表 4-3　绝缘遮蔽用具预防性试验要求

名称	使用电压等级 /V	耐压试验要求	试验周期
导线遮蔽罩	380	5kV/1min	6 个月
跳线遮蔽罩	380	5kV/1min	6 个月
绝缘子遮蔽罩	380	5kV/1min	6 个月
熔断器遮蔽罩	380	5kV/1min	6 个月
低压绝缘毯	380	5kV/1min	6 个月

4.4　绝缘工器具的现场检测

本节重点介绍带电作业绝缘工具和绝缘防护用具的测试方法与要求。

1. 绝缘杆的测试

按照带电作业中的不同用途，绝缘杆分为绝缘操作杆、支杆和拉（吊）杆三类。

（1）外观及尺寸检查　绝缘杆表面应光滑，无气泡、皱纹、开裂，玻璃纤维布与树脂间粘接完好，不得开胶，杆段间连接牢固。其金属配件与绝缘管、泡沫填充管、绝缘棒、绝缘板的连接应牢固，使用时应灵活方便。支杆和拉（吊）杆的各部分尺寸应符合表 4-4 的规定，操作杆的各部分尺寸应符合表 4-5 的规定。

表 4-4　支杆和拉（吊）杆的各部分尺寸

额定电压 /kV	海拔 H/m	最短有效绝缘长度 /m	固定部分长度 /m		支杆活动部分长度 /m
			支杆	拉（吊）杆	
10	$H \leqslant 3000$	0.40	0.60	0.20	0.50
	$3000 < H \leqslant 4500$	0.60	0.60	0.20	0.50
20	$H \leqslant 1000$	0.50	0.60	0.20	0.60

表 4-5　操作杆的各部分尺寸

额定电压 /kV	海拔 H/m	最短有效绝缘长度 /m	端部金属接头长度 /m	手持部分长度 /m
10	$H \leqslant 3000$	0.70	$\leqslant 0.10$	$\geqslant 0.60$
	$3000 < H \leqslant 4500$	0.90	$\leqslant 0.10$	$\geqslant 0.60$
20	$H \leqslant 1000$	0.80	$\leqslant 0.10$	$\geqslant 0.60$

（2）机械性能试验　试验项目包括静负荷试验、动负荷试验，要定期进行预防性试验，周期不超过 24 个月。

静负荷试验应在表 4-6、表 4-7 所列数值下加载持续 1min 无变形、无损伤。动负荷试验应在表 4-6、表 4-7 所列数值下加载操作 3 次，机构动作灵活、无卡阻现象。绝缘杆的拉伸、压缩、弯曲、扭曲试验标准见表 4-8，无永久变形或裂纹为合格。

表 4-6 支杆机械性能

支杆分类级别	额定荷载 /kN	静荷载 /kN	动荷载 /kN
1kN 级	1.00	1.20	1.00
3kN 级	3.00	3.60	3.00
5kN 级	5.00	6.00	5.00

表 4-7 拉（吊）杆机械性能

拉（吊）杆分类级别	额定荷载 /kN	静荷载 /kN	动荷载 /kN
10kN 级	10.00	12.0	10.0
30kN 级	30.00	36.0	30.0
50kN 级	50.00	60.0	50.0

表 4-8 绝缘杆机械试验标准

试品及规格		拉伸试验荷载 /kN	压缩试验荷载 /kN	弯曲试验荷载 /N·m	拉伸试验荷载 /N·m
操作杆	标称外径 28mm 及以下	1.50	/	225	75
	标称外径 28mm 以上	1.50	/	275	75
支杆、吊（拉）杆	1kN 级	/	2.50	/	/
	3kN 级	/	7.50	/	/
	5kN 级	/	12.50	/	/
	10kN 级	25.0	/	/	/
	30kN 级	75.0	/	/	/
	50kN 级	125.0	/	/	/

根据作业需要的实际受力状况，操作杆需要进行弯曲、扭曲和拉伸试验，支杆需要进行压缩试验，吊杆及拉杆需要进行拉伸试验。

1）弯曲试验。操作杆按照图 4-23 布置，对试品进行弯曲试验。将操作杆架在两端的滑轮上，在中间施加荷载直至规定值。施加的荷载见表 4-8，两滚轮轴线间距离见表 4-9。

2）扭曲试验。取试品的试验长度为 2m，将手持端固定好，在距离固定端 2m 处的另一端施加扭矩直至规定值。扭曲试验的 C_d、α_d、C_r 试验值见表 4-10。

试验时，在试品的夹头或端头之间 1m 长度上施加扭矩，直至达到扭矩值 C_d 为止。此时应听不到异常的响声，看不到明显的缺陷。在维持初始扭矩 C_d 值 3000s 后，测得的角偏移应小于相应的角度 α_d 后，除去扭矩，1min 后测量偏移残余角，应小于 1%。

第4章 配网不停电作业常用工器具及绝缘遮蔽方法实训

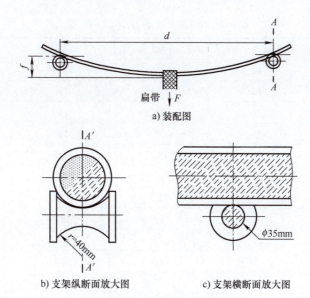

图 4-23 弯曲试验布置图

表 4-9 绝缘杆弯曲试验标准

管和棒的外径 /mm		支架间的距离 /m	F_d/N	f/mm	F_r/N	试品长度 /m
实心棒	10	0.5	270	20	540	2
	16	0.5	1350	15	2700	2
	24	1.0	1750	15	3500	2.5
	30	1.5	2250	40	4500	2.5
管材	18	0.7	500	12	1000	2.5
	20	0.7	550	12	1100	2.5
	22	0.7	600	12	1200	2.5
	24	1.1	650	14	1300	2.5
	26	1.1	775	14	1550	2.5
	28	1.1	875	14	1750	2.5
	30	1.1	1000	14	2000	2.5
	32	1.1	1100	25	2200	2.5
	36	1.5	1300	25	2600	2.5
	40	2.0	1750	26	3500	2.5
	44	2.0	2200	28	4400	2.5
	50	2.0	3500	30	7000	2.5
	60	2.0	6000	27	12000	2.5
	70	2.0	10000	27	20000	2.5

注：F_d 为初始抗弯负荷，f 为挠度差值（指 $F_d/3$ 与 $2F_d/3$ 或 $2F_d/3$ 与 F_d 的差值），F_r 为额定抗弯负荷。

表 4-10　扭曲试验的 C_d、$α_d$、C_r 值

管和棒的外径 /mm		C_d/N·m	$α_d$/(°)	C_r/N·m
实心棒	10	4.5	150	9
	16	13.5	180	27
	24	40	150	80
	30	70	150	140
管材	18	18.5	30	37
	20	20	29	40
	22	22.5	28	45
	24	25	27	50
	26	27.5	26	55
	28	30	21	60
	30	35	17	70
	32	40	35	80
	36	60	37.5	120
	40	80	40	160
	44	100	35	200
	50	120	16	240
	60	320	12	640
	70	480	10	960

再按上述步骤重施一个逐渐增大的扭矩，直到额定扭矩 C_r，达到 C_r 值时维持 30s，不应有损坏的痕迹。

3）压缩试验。按照图 4-24 布置，取试品的试验长度为 2m，把支杆的下端固定，上端为自由端，沿轴对支杆施加荷载直至规定值。试验数值见表 4-11。

4）拉伸试验。按照图 4-25 布置，取试品的试验长度为 2m，两端用夹具固定。试品固定部位的绝缘管内必须浇注树脂填充或插入金属棒，防止试品被夹坏，金属棒的直径应等于或略小于绝缘管内径。试品被夹紧后，即对试品施加轴向拉伸荷载直至规定值。试验数值见表 4-12。

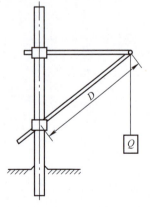

图 4-24　支杆的压缩试验布置图

D—支杆两支点的距离

表 4-11　支杆的压缩试验值　　　　　　　　　　　　（单位：kN）

支杆分类级别	允许负载	破坏荷载不小于
1kN 级	1.00	3.00
3kN 级	3.00	9.00
5kN 级	5.00	15.00

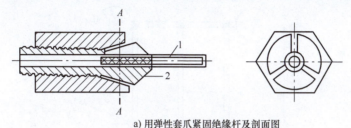

a) 用弹性套爪紧固绝缘杆及剖面图

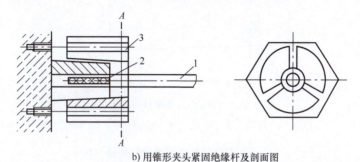

b) 用锥形夹头紧固绝缘杆及剖面图

c) 端部浇注树脂填充空心管

图 4-25　绝缘杆的拉伸试验布置图

1—被试绝缘杆　2—树脂　3—螺杆

表 4-12　拉（吊）杆的拉伸试验值　　　　　　　　　（单位：kN）

拉（吊）杆分类级别	允许负载	破坏荷载不小于
10kN 级	10.00	30.0
30kN 级	30.00	90.0
50kN 级	50.00	150.0

（3）电气预防性试验　试验项目为工频耐压试验，周期不超过 12 个月。绝缘杆工频耐压试验布置图如图 4-26 所示，绝缘杆须悬挂固定（或放置在非导电的支撑物上），距离地面 H 大于 1000mm，模拟导线直径 ϕ 不小于 30mm，均压球直径 D 为 200~300mm，试品间距 d 不小于 500mm。电极接到绝缘杆的两侧，通过短

时工频耐受电压试验,其电气性能应符合表 4-13 的规定,无击穿、无闪络及无明显发热为合格。绝缘杆进行分段试验时,每段所加的电压应与全长所加的电压按长度比例计算,并增加 20%。

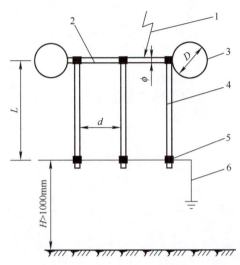

图 4-26 绝缘杆工频耐压试验布置图

1—高压电极及引线 2—模拟导线 3—均压球 4—操作杆 5—接地电极 6—接地引线

表 4-13 绝缘杆的电气性能

额定电压 /kV	海拔 H/m	试验电极间距离 L/m	1min 工频耐受电压 /kV	
			交替试验	预防性试验
10	$H \leq 3000$	0.40	100	45
	$3000 < H \leq 4500$	0.60		
20	$H \leq 1000$	0.50	150	80

2. 绝缘滑车的测试

(1)外观及尺寸检查 绝缘滑车的护板、隔板、拉板、加强板一般采用环氧玻璃布层压板制造,滑轮采用聚酰胺 1010 树脂等绝缘材料制造。其绝缘部分应光滑,无气泡、皱纹、开裂等现象;滑轮在中轴上应转动灵活,无卡阻和碰擦轮缘现象;吊钩、吊环在吊梁上应转动灵活;侧板开口在 90° 范围内无卡阻现象。

(2)机械性能试验 试验项目为拉力试验,要定期进行预防性试验,周期不超过 12 个月。绝缘滑车与绝缘绳组装后进行拉力试验。5kN、10kN、15kN、20kN 级的各类滑车均应分别能通过 6kN、12kN、18kN、24kN 拉力负荷,持续时间 5min 的机械拉力试验,无永久变形或裂纹为合格。

(3)电气预防性试验 试验项目为工频耐压试验,周期不超过 12 个月。滑车电气试验布置图如图 4-27 所示,两电极间的试品不能碰触导电物体。各种型号的绝缘滑车均应能通过工频交流 25kV、1min 耐压试验，无击穿、无闪络及无明显发热为合格。其中，绝缘钩型滑车应能通过工频交流 37kV、1min 耐压试验。

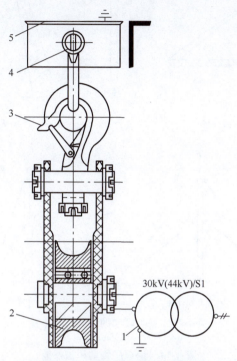

图 4-27 滑车电气试验布置图

1—工频试验装置　2—滑轮　3—吊钩　4—I 形环　5—金属横担

3. 绝缘硬梯的测试

（1）外观及尺寸检查　绝缘硬梯有平梯、挂梯、直立独杆梯、升降梯和人字梯等类别，绝缘部件选用绝缘板材、管材、异型材和泡沫填充管等绝缘材料制作。其表面应光滑，无气泡、皱纹、开裂，玻璃纤维布与树脂间粘接完好不得开胶，杆段间连接牢固。

（2）机械性能试验　试验项目包括抗弯静负荷试验、抗弯动负荷试验，预防性试验周期不超过 24 个月。进行机械强度试验时，其负荷的作用位置及方向应与部件实际使用时相同，如图 4-28 所示，静负荷试验应在表 4-14 所列数值下加载持续 5min 无变形、无损伤；动负荷试验应在表 4-14 所列数值下加载操作 3 次，要求机构动作灵活、无卡阻现象。

（3）电气预防性试验　试验项目为工频耐压试验，周期不超过 12 个月。其电气性能应符合表 4-15 的规定，无击穿、无闪络及无明显发热为合格。绝缘硬梯工频耐压试验的电极布置可参考绝缘操作杆的试验布置图。

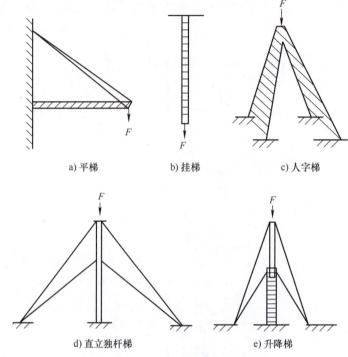

a) 平梯   b) 挂梯   c) 人字梯

d) 直立独杆梯   e) 升降梯

图 4-28　各类硬梯的弯曲试验布置

表 4-14　绝缘硬梯的机械性能

负荷种类	额定负荷	抗弯静负荷	抗弯动负荷
试验加压值 /N	1000	1200	1000

表 4-15　绝缘硬梯的电气性能

额定电压 /kV	海拔 H/m	试验电极间距离 L/m	1min 工频耐受电压 /kV	
			交替试验	预防性试验
10	$H \leqslant 3000$	0.40	100	45
	$3000 < H \leqslant 4500$	0.60		
20	$H \leqslant 1000$	0.50	150	80

4. 绝缘绳的测试

（1）外观及尺寸检查　绝缘绳还包括人身绝缘绳、导线绝缘绳、绝缘测距绳等，绝缘绳各绳股应紧密绞合，不得有松散、分股的现象。绝缘绳各股及各股中丝线不应有叠痕、凸起、压伤、背股、抽筋等缺陷，不得有错乱或交叉的丝、线、股。人身绝缘绳、导线绝缘绳、消弧绳、绝缘测距绳以及绳套均应满足各自的功能规定和工艺要求。

（2）机械性能试验　试验项目为静拉力试验，包括伸长率测量、断裂强度试验。试验周期不超过 12 个月。

1）伸长率测量。试品通过专用连接件放置于两夹具之间，当拉力值达到绝缘绳测量张力值时停止拉伸，量取试品总长度中任意 0.5m 的一段距离，并在两端做好标记。再次以 300mm/min 的速度拉伸至绝缘绳断裂强度约 50% 时，试验速度改为 250mm/min，继续拉伸至绝缘绳断裂强度约 75% 时，记录两标记间的距离，并计算绝缘绳的伸长率，伸长率不应超过表 4-16、表 4-17 的数值。伸长率计算公式如下：

$$A = (L_a - L_p)/L_p$$

式中，A 为伸长率；L_a 为拉力为断裂负荷规定值 75% 时的绝缘绳长度，单位为 mm；L_p 为拉力为测量张力时的绝缘绳长度，单位为 mm。

表 4-16　天然纤维绝缘绳机械性能要求

规格	直径 /mm	伸长率（%）	断裂强度 /kN	测量张力 /N
TJS-4	4 ± 0.2	20	2.0	45
TJS-6	6 ± 0.3	20	4.0	85
TJS-8	8 ± 0.3	20	6.2	120
TJS-10	10 ± 0.3	35	8.3	150
TJS-12	12 ± 0.4	35	11.2	210
TJS-14	14 ± 0.4	35	14.4	350
TJS-16	16 ± 0.4	35	18.0	450
TJS-18	18 ± 0.5	44	22.5	550
TJS-20	20 ± 0.5	44	27.0	750
TJS-22	22 ± 0.5	44	32.4	850
TJS-24	24 ± 0.5	44	37.3	950

表 4-17　合成纤维绝缘绳机械性能要求

规格	直径 /mm	伸长率（%）	断裂强度 /kN	测量张力 /N
HJS-4	4 ± 0.2	40	3.1	30
HJS-6	6 ± 0.3	40	5.4	50
HJS-8	8 ± 0.3	40	8.0	90
HJS-10	10 ± 0.3	48	11.0	140
HJS-12	12 ± 0.4	48	15.0	190
HJS-14	14 ± 0.4	48	20.0	260
HJS-16	16 ± 0.4	48	26.0	350
HJS-18	18 ± 0.5	58	32.0	450
HJS-20	20 ± 0.5	58	38.0	450
HJS-22	22 ± 0.5	58	44.0	700
HJS-24	24 ± 0.5	58	50.0	850

2）断裂强度试验。测试完伸长率后，继续拉伸绝缘绳至断裂为止，此时的试验值为绝缘绳的断裂强度。断裂强度不应低于表 4-16、表 4-17 的数值。

（3）电气预防性试验　试验项目：常规型绝缘绳进行工频干闪电压试验，防潮型绝缘绳进行工频干闪电压试验、浸水后工频泄漏电流试验。试验周期不超过 12 个月。

1）工频干闪电压试验。试品在 50℃ 干燥箱里进行 1h 的烘干后自然冷却 5min，防潮型绝缘绳可在自然环境中取样，在规定的试验环境中进行试验。试验电极采用直径 1.0mm 的铜线缠绕。常规型绝缘绳试验结果应满足表 4-18 的要求，绝缘绳的电压试验布置图如图 4-29 所示，测量区应离开任何高压电源至少 2m 以上的距离。防潮型绝缘绳试验结果应满足表 4-19 要求。

表 4-18　常规型绝缘绳的电气性能

序号	试验项目	试品有效长度 /m	电气性能要求
1	加压 100kV 时高湿度下工频泄漏电流	0.5	不大于 300μA
2	工频干闪电压	0.5	不小于 170kN

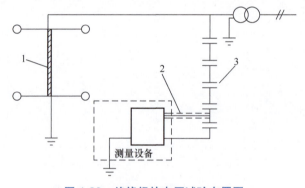

图 4-29　绝缘绳的电压试验布置图

1—试品　2—屏蔽引线　3—电容（或电阻）分压器

2）浸水后工频泄漏电流试验。试品置于电阻率为 100Ω·m 的水中，浸泡 15min 后取出抖落水珠，然后在规定的试验环境中测量出泄漏电流值。测量结果应满足表 4-19 的要求，试验布置如图 4-30 所示，测量区应离开任何高压电源至少 2m 以上的距离。

表 4-19　防潮型绝缘绳的电气性能

序号	试验项目	试品有效长度 /m	电气性能要求
1	工频干闪电压	0.5	不小于 170kV
2	持续高湿度下工频泄漏电流[①]	0.5	不大于 100μA

（续）

序号	试验项目	试品有效长度/m	电气性能要求
3	浸水后工频泄漏电流[②]	0.5	不大于500μA
4	淋雨工频闪络电压[③]	0.5	不小于60kV
5	50%断裂负荷拉伸后，高湿度下工频泄漏电流[①]	0.5	不大于100μA
6	经漂洗后，高湿度下工频泄漏电流[①]	0.5	不大于100μA
7	经磨损后，高湿度下工频泄漏电流[①]	0.5	不大于100μA

① 试验条件为相对湿度90%，温度20℃，168h，加压100kV。
② 试验条件为水电阻率为100Ω·m，浸泡15min，抖落表面附着水珠，加压100kV。
③ 试验条件为雨水量1~1.5mm/min，水电阻率为100Ω·m。

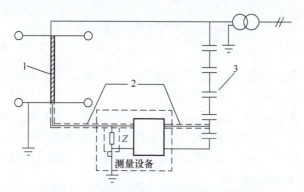

图4-30　绝缘绳的工频泄漏电流试验布置图
1—试品　2—屏蔽引线　3—电容（或电阻）分压器

5. 绝缘手工工具的测试

带电作业用绝缘手工工具包括绝缘扳手、绝缘带手扳葫芦等，根据其使用功能必须具有足够的机械强度、电气绝缘强度和良好的阻燃性能。

（1）外观及尺寸检查　按照相应标准中的技术要求检查尺寸，工具的使用性能应满足工作要求，制作工具的绝缘材料应完好，无孔洞、裂纹、破损等，且应牢固地黏附在导电部件上，金属工具的裸露部分应无锈蚀，标志应清晰完整。

（2）机械性能试验　试验项目为机械冲击试验，周期不超过24个月。根据绝缘工具的功能做机械冲击试验，以摆动锤冲击试验装置为例，机械冲击试验装置图如图4-31所示，试锤的硬度至少为HRC20。被试工具上获得的冲击能量W等于该工具从2m高度落在一个硬平面上的能量，试锤落下的高度计算公式为

$$H = W/P = 2F/P$$

式中，H为试锤落下的高度，单位为m；F为被试工具的重力，单位为N；P为试锤的重力，单位为N。

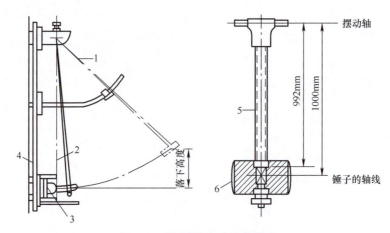

图 4-31 机械冲击试验装置图

1—可调摆动轴 2—垂直平面 3—试品 4—框架 5—钢管 6—锤子

绝缘工具至少应选取分布在不同位置的 3 个试验点，如果绝缘材料没有破碎、脱落和贯穿绝缘层的开裂，则试验通过。

（3）电气预防性试验　试验项目为工频耐压试验，预防性试验周期不超过 12 个月。绝缘手工工具须放置在非导电的支撑物上，电极接到两侧，工频耐压试验时加压至 110kV 持续 3min，无发生明显发热、击穿、放电或闪络的为合格。

6. 绝缘遮蔽罩的测试

（1）导线软质遮蔽罩　导线软质遮蔽罩一般为直管式（A）、带接头的直管式（B）、下边缘延裙式（C）、带接头的下边缘延裙式（D）、自锁式（E）等 5 种类型，也有专门设计以满足特殊用途需要的其他类型，一般采用橡胶类和软质塑料类绝缘材料制作而成。

1）外观及尺寸检查。各类遮蔽罩的上下表面均不应存在有害的缺陷，如小孔、裂缝、局部隆起、切口、夹杂导电杂物、折缝、空隙、凹凸波纹等，对每个试样必须逐个进行审视检查，从外观上检查整体和附件装置的尺寸及有无缺陷。

2）电气预防性试验。导线软质遮蔽罩的电气性能试验项目包括交流耐压试验、直流耐压试验，试验周期 6 个月。加压时间保持 1min，其电气性能应满足表 4-20 的要求，以无电晕发生、无闪络、无击穿、无明显发热为合格。导线软质遮蔽罩交流耐压试验电极图如图 4-32 所示，内电极采用导线，外电极在遮蔽罩外包绕金属箔，外电极边缘距遮蔽罩边缘的沿面距离约为（65±5）mm。

（2）其他类型遮蔽罩　除了导线遮蔽罩，根据不同用途还包括针式绝缘子、耐张装置、悬垂装置、线夹、棒形绝缘子、电杆、横担、套管、跌落式熔断器等专用的以及为被遮物体所设计的其他类型遮蔽罩。采用环氧树脂、塑料、塑胶及聚合物等绝缘材料制成。

第4章 配网不停电作业常用工器具及绝缘遮蔽方法实训

表 4-20 导线软质遮蔽套的耐压试验值

级别	额定电压 /kV	交流耐受电压（有效值）/kV	直流耐受电压（有效值）/kV
0	0.38	5	5（0级C类和D类为10kV）
1	3	10	30
2	6、10	20	35
3	20	30	50

注：0级C类为下边缘延裙式，D类为带接头的下边缘延裙式。

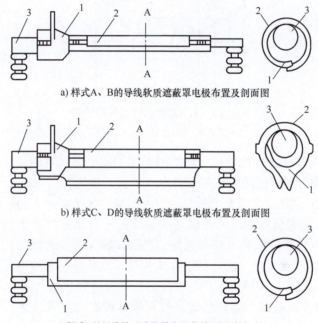

a）样式A、B的导线软质遮蔽罩电极布置及剖面图

b）样式C、D的导线软质遮蔽罩电极布置及剖面图

c）样式E的导线软质遮蔽罩电极布置及剖面图

图 4-32 导线软质遮蔽罩交流耐压试验电极图

1—导线遮蔽罩　2—外电极　3—内电极

1）外观及尺寸检查。各类遮蔽罩的上下表面均不应存在有害的缺陷，如小孔、裂缝、局部隆起、切口、夹杂导电杂物、折缝、空隙、凹凸波纹等，对每个试样必须逐个进行审视检查，从外观上检查整体和附件装置的尺寸及有无缺陷。

2）电气预防性试验。遮蔽罩的电气性能试验项目为交流耐压试验，试验周期6个月。对遮蔽罩进行交流耐压试验时，加压时间保持1min，其电气性能应符合表4-21的要求。以无电晕发生、无闪络、无击穿、无明显发热为合格。遮蔽罩的试验电极布置图如图4-33所示，高压电极接于内部的导线，接地电极接于遮蔽罩外包绕的金属箔，金属箔边缘距遮蔽罩边缘的沿面距离约为（65±5）mm。

表 4-21 遮蔽罩的耐压试验值

级别	额定电压 /kV	交流耐受电压（有效值）/kV
0	0.38	5
1	3	10
2	6、10	20
3	20	30

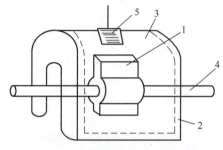

图 4-33 遮蔽罩的试验电极布置图

1—被遮蔽元件　2—遮蔽罩　3—金属箔　4—接地电极　5—高压电极

（3）组合电气预防性试验　功能类型不同的单个遮蔽罩组成一个绝缘遮蔽系统使用时，应进行绝缘遮蔽系统的组合电气试验，加压时间保持1min，其电气性能应符合表4-21的要求，以无电晕发生、无闪络、无击穿、无明显发热为合格。

1）导线软质遮蔽罩。将两件试品按设计的组合装配要求组合起来，按导线软质遮蔽罩的电气性能试验方法布置好并进行试验，每一件试品均应能通过交流电压试验和直流耐压试验。在进行组合试验时，组装在一起的两件试品可视为一件同电压等级的试品，应该说明的是，此时外电极应触及结合部位。

2）其他类型遮蔽罩。将两件试品按要求装配组合起来，每一件试品均应能通过交流耐压试验。在进行组合装配试验时，试验电压应施加在整个组合装配试件上（包括结合部件），并按要求选定内外电极。

（4）机械性能试验　制作绝缘遮蔽罩的材料多为合成绝缘材料，在加工制作过程中，经常要受到高温热处理，其材质性能极有可能发生变化。为此，在现场使用时，绝缘遮蔽罩要满足机械强度要求，并有一定的耐热性和耐寒性，因此需要对绝缘遮蔽罩进行机械性能方面的试验。试验项目包括模拟装置试验、低温机械试验、软质遮蔽罩折叠试验、硬质遮蔽罩耐冲击试验，通常在型式试验或产品抽样检测时进行。

7. 绝缘毯（垫）的测试

（1）外观及尺寸检查　绝缘毯（垫）上下表面均不应存在有害的缺陷，如小孔、裂缝、局部隆起、切口、夹杂导电异物、折缝、空隙、凹凸波纹等。应按相关标准进行厚度检查，在整个毯面上随机选择5个以上不同的点进行测量和检查。测量时,使用千分尺或同样精度的仪器进行测量。千分尺的精度应在 0.02mm 以内,测钻的直径为 6mm,平面压脚的直径为(3.17±0.25)mm,压脚应能施加(0.83±0.03)N 的压力。绝缘毯应平展放置,以使千分尺测量面之间是平滑的。

(2)电气预防性试验 试验项目为交流耐压试验,预防性试验周期不超过 6 个月。耐压试验的电极由两个同轴布置的金属圆柱组成,如图 4-34 所示。圆柱边缘的曲率半径 R_3 为 3mm,其中一个电极的高度应为 25mm,直径为 25mm;另一个电极高度应为 15mm,直径为 75mm。把试品固定在两金属电极之间,并把整个装置浸泡在绝缘液体中(如变压器绝缘油),试品不应触及油箱。试验电压标准见表 4-22,加压持续 1min,以无电晕发生、无闪络、无击穿、无明显发热为合格。

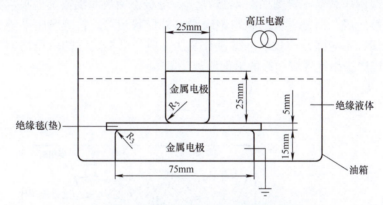

图 4-34 绝缘毯(垫)耐压试验布置图

表 4-22 绝缘毯(垫)的试验电压值

级别	额定电压 /kV	试验电压 /kV	级别	额定电压 /kV	试验电压 /kV
0	0.38	5	2	6、10	20
1	3	10	3	20	30

(3)机械性能试验 绝缘毯(垫)试验项目包括拉伸强度和伸长率试验、抗机械刺穿试验、拉伸永久变形试验,绝缘垫还应进行防滑试验,通常在型式试验或者产品抽样检测时进行。

8. 绝缘服(披肩)的测试

(1)外观及尺寸检查 整套绝缘服应为无缝制作,内外表面均应完好无损,无深度划痕、裂缝、折缝,无明显孔洞,尺寸应符合相关标准的要求。

(2)机械性能试验 试验项目包括拉伸强度和伸长率试验、抗机械刺穿试验、拉伸永久变形试验,通常在型式试验或产品抽样检测时进行。

(3)电气预防性试验 试验项目为交流耐压试验,预防性试验周期不超过 6

个月。绝缘上衣的前胸、后背、左袖、右袖及绝缘裤的左右腿、上下方及接缝处都要进行试验。按照表 4-23 的数值加压持续时间为 1min,无闪络、无击穿、无明显发热为合格。

表 4-23 绝缘服(披肩)的耐压试验值

绝缘服(披肩)级别	额定电压 /kV	交流耐受电压(有效值)/kV
0	0.38	5
1	3	10
2	10	20
3	20	30

绝缘服耐压试验布置图如图 4-35 所示。电极由两块海绵或其他吸水材料制作成的湿电极组成,内外电极形状与绝缘服内外形状相符。将绝缘服平整布置于内外电极之间,不应强行拽拉。电极设计及加工应使电极之间的电场均匀且无电晕发生。电极边缘距绝缘服边缘的沿面距离为 65mm。

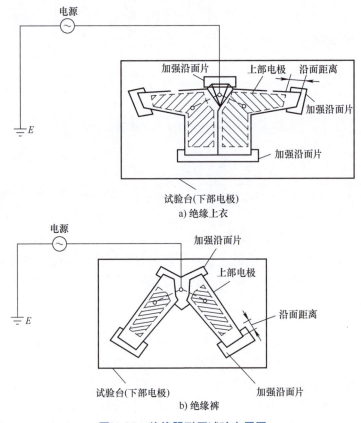

图 4-35 绝缘服耐压试验布置图

绝缘服交流耐压试验注意事项如下：

1）为防止绝缘服边缘发生沿面闪络，应注意高压引线至绝缘服边缘的距离要满足要求，或采用套管引入高压的方式。

2）试验电压应从较低值开始上升，并以大约1000V/s的速度逐渐升压，试验时间从达到规定的试验电压值开始计时。

3）进行绝缘服（披肩）的层向工频耐压试验时，电极由两块海绵或其他吸水材料制作成的湿电极组成，内外电极形状与绝缘服内外形状相符。电极设计及加工应使电极之间的电场均匀且无电晕发生。电极边缘距绝缘服边缘的沿面距离为（65±5）mm。将绝缘服平整布置于内外电极之间，不应强行拽拉，并用干燥的棉布擦干电极周围绝缘服上的水迹。

9. 绝缘手套的测试

（1）外观及尺寸检查　以目测为主，并使用量具测定缺陷程度，应为无缝制作，内外表面均应完好无损，无深度划痕、裂缝、折缝，无明显孔洞，尺寸应符合相关标准要求。进行气密性检查，用充气器将绝缘手套充满空气，或将手套从口部向上卷2~3折，稍用力将空气压至手掌和手指部分，贴近手套，面颊感觉有无气流流动、耳听有无气流声，检查判断上述部位有无漏气，如有则为不合格。

（2）机械性能试验　试验项目包括拉伸强度和伸长率试验、抗机械刺穿试验、拉伸永久变形试验，通常在型式试验或产品抽样检测时进行。

（3）电气预防性试验　试验项目为交流耐压试验、直流耐压试验，预防性试验周期不超过6个月。试验应在环境温度为（23±2）℃的条件下进行。将预湿的被试手套内部注入电阻率不大于750Ω·cm的水，然后浸入盛有相同水的容器中，并使手套内外水平面呈相同高度，如图4-36a所示，尺寸D_1适用于圆弧形袖口手套，D_2适用于平袖口手套，露出水面部分长度符合表4-24的规定，吃水深度允许误差为±13mm。水中应无气泡和间隙。试验前手套上端露出水面部分应擦干。盛水的容器平衡放置在绝缘支撑物体上方。交流试验接线如图4-36b所示。

试验耐压值符合表4-24规定，加压时间保持1min，无电晕、无闪络、无击穿、无明显发热为合格。

表4-24　绝缘手套的耐压试验的吃水深度及耐压值

型号规格		交流耐压试验		直流耐压试验	
型号	额定电压/kV	试验电压/kV	露出水面部分长度/mm	试验电压/kV	露出水面部分长度/mm
1	3	10	65	20	100
2	10	20	75	30	130
3	20	30	100	40	150

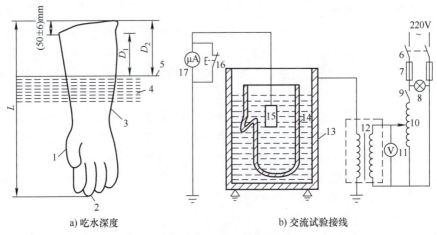

a) 吃水深度　　　b) 交流试验接线

图 4-36　绝缘手套试验布置图

1—大拇指　2—中指　3—手套　4—水　5—水平线　6—隔离开关　7—可断熔丝　8—电源指示灯
9—过负荷开关（也可用过电流继电器）　10—调压器　11—电压表　12—变压器
13—盛水金属器皿　14—试样　15—电极　16—毫安表短接开关　17—毫安表

10. 绝缘鞋（靴）的测试

（1）外观及尺寸检查　绝缘鞋（靴）一般为平跟而且有防滑花纹，因此，凡绝缘鞋（靴）有破损、鞋底防滑齿磨平、外底磨透露出绝缘层，均不得再作为绝缘鞋（靴）使用。外观及厚度检查以目测为主，并使用量具测定缺陷程度，应为无缝制作，内外表面均应完好无损，无深度划痕、裂缝、折缝，无明显孔洞，尺寸应符合相关标准要求。

（2）机械性能试验　试验项目包括拉伸性能试验、耐磨性能试验、邵氏 A 硬度试验、围条与鞋帮黏附强度试验、鞋帮与鞋底剥离强度试验、耐折性能试验，通常在型式试验或产品抽样检测时进行。

（3）电气预防性试验　试验项目为交流耐压试验，预防性试验周期不超过 6 个月。交流试验耐压值符合表 4-25 规定，加压时间持续 1min，无电晕发生、无闪络、无击穿、无明显发热为合格。试验布置如图 4-37 所示。

表 4-25　绝缘靴（鞋）的交流试验耐压值

额定电压 /kV	交流耐受电压（有效值）/kV
0.4	3.5
3～10	15

11. 绝缘安全帽的测试

（1）外观及尺寸检查　绝缘安全帽内外表面均应完好无损，无划痕、裂缝和孔洞，尺寸应符合相关标准要求。

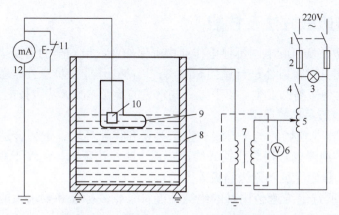

图 4-37　绝缘鞋（靴）耐压试验布置图

1—隔离开关　2—可断熔丝　3—电源指示灯　4—过负荷开关（也可用过电流继电器）
5—调压器　6—电压表　7—变压器　8—盛水金属器皿　9—试样
10—电极　11—毫安表短接开关　12—毫安表

（2）机械性能试验　试验项目包括冲击吸收性能试验和耐穿透性能试验，主要用于检测安全帽耐冲击吸收性能和穿刺性能，通常在型式试验或产品抽样检测时进行。

（3）电气预防性试验　试验项目为交流耐压试验，预防性试验周期不超过 6 个月。对绝缘安全帽进行交流耐压试验时，应将绝缘安全帽倒置于试验盛水容器内，注水进行试验。电极布置与绝缘手套的试验方法相似，如图 4-38 所示，试验电压应从较低值开始上升，以大约 1000V/s 的速度逐渐升压至 20kV，加压时间保持 1min，无闪络、无击穿、无明显发热为合格。

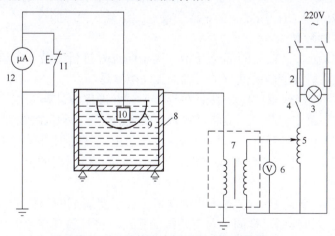

图 4-38　绝缘安全帽耐压试验布置图

1—隔离开关　2—可断熔丝　3—电源指示灯　4—过负荷开关（也可用过电流继电器）
5—调压器　6—电压表　7—变压器　8—盛水金属器皿　9—试样
10—电极　11—毫安表短接开关　12—毫安表

4.5 绝缘遮蔽方法及技能

绝缘遮蔽是低压配电网不停电作业中确保作业人员安全的重要措施，通过使用绝缘遮蔽用具对带电体进行遮挡和隔离，以防止作业人员意外碰触带电体，避免相间或相对地短路的发生。以下是一些常见的绝缘遮蔽方法及技能。

1. 绝缘遮蔽用具的选择

1）根据作业现场的电压等级、设备类型和作业环境，选择合适的绝缘遮蔽用具。常见的绝缘遮蔽用具包括导线遮蔽罩、跳线遮蔽罩、绝缘子遮蔽罩、熔断器遮蔽罩、低压绝缘毯和绝缘隔板等。

2）确保所选绝缘遮蔽用具的绝缘性能符合相关标准和要求，能够承受作业现场的电压和电场强度。

3）检查绝缘遮蔽用具的外观，确保其表面无损坏、无污渍、无裂纹等缺陷，以免影响绝缘性能。

2. 绝缘遮蔽的步骤

（1）现场勘察

1）对带电导线或地电位的杆塔构件进行仔细观察，了解设备的布局、接线方式和运行状态。

2）确定需要遮蔽的部位和范围以及作业过程中可能存在的危险点。

3）根据勘察结果，制定合理的绝缘遮蔽方案。

（2）准备工作

1）选择合适的绝缘遮蔽用具，并确保其数量和规格满足作业需求。

2）检查绝缘遮蔽用具的完整性和绝缘性能，如有损坏或缺陷应及时更换。

3）穿戴好个人防护用具，如绝缘手套、绝缘鞋、绝缘服等。

（3）绝缘遮蔽操作

1）从离作业人员较远的部位开始，逐步向近处进行遮蔽。将遮蔽罩或绝缘毯紧密地覆盖在需要遮蔽的部位上，确保无间隙暴露。

2）对于导线遮蔽罩，应将其套在导线上，并确保罩体与导线紧密贴合，无松动现象。对于跳线遮蔽罩，应将其覆盖在跳线的上方，确保跳线完全被遮蔽。

3）对于绝缘子遮蔽罩，应将其套在绝缘子上，并确保罩体与绝缘子紧密贴合，无松动现象。对于熔断器遮蔽罩，应将其覆盖在熔断器的上方，确保熔断器完全被遮蔽。

4）对于低压绝缘毯，应将其平整地覆盖在需要遮蔽的部位上，并使用毯夹或其他固定装置将其固定牢固。对于绝缘隔板，应将其放置在带电体与作业人员之间，起到隔离和防护的作用。

5）在遮蔽过程中，注意避免碰触带电体，同时要确保遮蔽用具的固定牢固，不会因外力而脱落。

（4）检查确认

1）完成绝缘遮蔽后，应对遮蔽效果进行检查确认。检查遮蔽用具是否覆盖到位，有无间隙暴露，固定是否牢固等。

2）使用验电器等工具对遮蔽后的带电体进行验电，确保带电体已被有效遮蔽，无漏电现象。

3. 绝缘遮蔽的注意事项

1）作业前，应对绝缘遮蔽用具进行仔细检查，确保其绝缘性能良好，无破损、裂纹等缺陷。

2）在遮蔽过程中，要严格按照操作规程进行操作，避免因操作不当导致意外发生。

3）绝缘遮蔽用具应与带电体保持足够的安全距离，避免因距离过近而发生放电现象。

4）作业过程中，要注意观察绝缘遮蔽用具的状态，如发现有异常情况，如变形、发热、冒烟等，应立即停止作业，进行检查和处理。

5）作业结束后，应及时将绝缘遮蔽用具拆除，并妥善存放，以备下次使用。拆除时应注意避免碰触带电体，防止发生意外。

6）在强风、大雨、大雪等恶劣天气条件下，应尽量避免进行绝缘遮蔽作业，如确需作业，应采取相应的防护措施，确保作业安全。

7）定期对绝缘遮蔽用具进行维护和保养，检查其绝缘性能和外观状态，及时更换损坏或老化的用具。

4. 技能要求

1）作业人员应熟悉各种绝缘遮蔽用具的性能、特点和使用方法，能够根据作业现场的实际情况正确选择和使用合适的遮蔽用具。

2）具备良好的操作技能，能够熟练地进行绝缘遮蔽操作，确保遮蔽效果良好。在操作过程中，应动作熟练、准确，避免因操作不当导致遮蔽用具损坏或失效。

3）具备较强的安全意识，能够严格遵守安全操作规程，确保作业过程中的安全。在作业前，应认真进行安全交底，明确作业任务、危险点和安全措施。

4）在作业过程中，要注意观察周围环境，及时发现并处理潜在的安全隐患。如发现有其他人员靠近作业现场，应及时进行劝阻和警示。

5）定期进行培训和演练，不断提高自己的技能水平和应急处理能力。通过培训和演练，熟悉各种绝缘遮蔽方法和技能，掌握应对突发情况的方法和措施。

总之，绝缘遮蔽是低压配电网不停电作业中至关重要的环节，作业人员应充分认识到其重要性，严格遵守相关规定和要求，掌握正确的绝缘遮蔽方法和技能，确保作业过程中的安全。

4.6 本章小结

本章围绕配网不停电作业中的绝缘斗臂车操作、各类工器具操作方法、绝缘工器具现场检测以及绝缘遮蔽方法及技能展开详细阐述。

绝缘斗臂车的操作涵盖工作环境、性能要求、作业范围、使用操作步骤及注意事项,同时包括维护保养和测试等内容,确保其安全可靠运行。各类工器具操作方法分为操作工具和防护用具两部分,操作工具介绍了绝缘手工工具、绝缘操作工具的使用及检查检测,防护用具包括个人防护用具和绝缘遮蔽用具,明确了其种类、要求、试验等。绝缘工器具现场检测详细说明了绝缘杆、滑车、硬梯、绳索、手工工具、遮蔽罩、毯(垫)、服(披肩)、手套、鞋(靴)、安全帽等的测试方法与要求。绝缘遮蔽方法及技能包括遮蔽用具选择、遮蔽步骤、注意事项和技能要求,强调了正确遮蔽对作业安全的重要性。

这些内容为不停电作业人员提供了全面的操作指导和安全保障。

第 5 章

低压配网不停电作业技术实训

5.1 引言

在现代电力系统中，电缆不停电作业技术对于保障供电可靠性和连续性具有重要意义。电缆作为电能传输的重要载体，其运行状态直接影响用户的用电体验。电缆拆、搭作业以及低压用户临时电源供电作业是电缆不停电作业中的关键环节。

在进行电缆拆、搭作业时，需要精心规划和严格操作，以确保在不停电的情况下安全地对电缆线路进行改造或维护，这涉及复杂的技术流程和严格的安全要求。低压用户临时电源供电作业则为应对突发停电或计划性检修提供了临时电力支持，保障用户在特殊情况下仍能持续用电。

深入了解和掌握这些作业的技术细节、安全注意事项以及危险点预控措施，对于提高电力系统的稳定性、可靠性以及用户满意度至关重要。

5.2 电缆拆、搭

利用旁路开关和柔性电力电缆以及快速插拔式电缆连接附件，在现场构建临时旁路电缆线路，跨接作业线路段（故障或待检修、技改的线路及其设备）；将电源引向临时旁路电缆供电系统，然后再断开作业线路段电源，使作业线路段进入停电检修作业方式，检修完毕后再恢复由原有作业线路段供电，拆除旁路电缆供电系统，从而保持对用户不间断供电。电缆不停电作业技术是一项以旁路作业法为基本技术路线及综合应用的新型不停电作业技术，随着电缆快速连接设备的研制推广，在现场得到广泛应用。

5.2.1 项目类型及人员分工要求

根据 Q/GDW 10520—2016《10kV 配网不停电作业规范》中"项目分类"的划分，本项目为第三类绝缘手套作业法，填写配网带电作业工作票，适用于 0.4kV 绝缘手套作业法绝缘斗臂车带电断低压空载电缆工作。

根据 GB/T 18857—2019《配电线路带电作业技术导则》，本项目人员要求及分工见表 5-1。

表 5-1 人员要求及分工

序号	人员	数量	职责分工
1	工作负责人（监护人）	1人	全面负责现场作业
2	斗内电工	1人	负责本项目的具体操作
3	地面电工	1人	负责地面配合工作

5.2.2 主要工器具

作业前应核对工器具的使用电压等级和试验周期；检查外观完好无损。工器具应存放在工具袋或工具箱内；金属工具和绝缘工器具应分开放置。

根据 Q/GDW 10520—2016《10kV 配网不停电作业规范》，本项目主要工器具配备见表 5-2。

表 5-2 主要工器具配备

序号	工器具名称		型号/规格	单位	数量	备注
1	主要作业车辆	低压带电作业车		辆	1	
2	个人防护用具	绝缘手套	0.4kV	副	1	戴防护手套
3		安全帽		顶	3	
4		护目镜		副	1	
5		双控背带式安全带		副	1	
6		绝缘鞋		双	3	
7		防电弧服	8cal[①]/cm²	件	1	
8		防电弧手套	8cal/cm²	副	1	
9	绝缘遮蔽（隔离）用具	绝缘布（毯）/绝缘挡板		块	若干	根据现场设备情况选择（绝缘毯、绝缘罩）
10		低压电缆引线绝缘遮蔽工具	0.4kV	个	4	
11	绝缘工器具	放电棒		根	1	拆除电缆工器具
12	其他主要工器具	电动扳手		把	1	
13		验电器	0.4kV	支	1	
14		个人手工工具		套	1	
15		钳形电流表		块	1	拆除电缆工器具
16		围栏		个	若干	根据现场实际情况确定
17		标志牌		块	8	
18	所需材料	绝缘胶带		卷	4	
19		螺钉螺母		套	4	搭接电缆工器具

① 1cal = 4.1868J，后同。

部分工器具展示如图 5-1 所示。

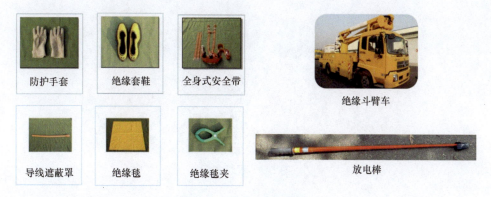

图 5-1　部分工器具展示

5.2.3　作业步骤

1. 前期准备

（1）现场复勘

1）工作负责人核对线路名称、杆号。

2）检查作业点及相邻侧电杆埋深、杆身质量、导线的固定及拉线受力情况。

3）确认电缆线路绝缘良好、无接地、无倒送电、无负载设备、线路无人工作。

（2）了解现场气象条件　带电作业应在良好天气下进行，了解现场气象条件，判断是否符合《国家电网公司电力安全工作规程（配电部分）（试行）》对带电作业的要求。

1）天气应晴好，无雷、无雨、无雪、无雾。

2）风力不大于 5 级。

3）相对湿度不大于 80%。

（3）布置工作现场

1）作业现场围栏设置区域不应小于高空落物范围，不应影响交通，要保证进出口大小合适。

2）确保警示标志齐全，不少于 2 块标示牌，如"在此工作""从此进出""施工现场"等，道路两侧应有"车辆慢行"或"车辆绕行"标示牌或路障。

3）禁止作业人员擅自移动或拆除围栏、标志牌。现场布置如图 5-2 所示。

4）绝缘工器具应与金属工器具、材料分开放置在防潮苫布上，工器具及材料应完好齐备，规格型号正确，试验合格证应在有效期内。

（4）执行工作许可制度　工作负责人向设备运行单位申请许可工作，汇报工作负责人姓名、工作地点、线路名称、杆号及设备名称、工作任务、计划工作时间。完毕后工作负责人在工作票上记录许可时间并签名。

图 5-2 现场布置

（5）召开现场站班会　工作负责人现场列队宣读工作票，交代工作任务、技术措施及作业方法，告知安全措施及危险点，并进行技术交底。

（6）检查绝缘工器具及材料

1）绝缘手套应采用充气检查的方式，作业人员应戴干净清洁的手套。

2）用干燥清洁的毛巾擦拭绝缘工器具，绝缘工器具外观清洁无破损；作业材料符合施工标准（安装条件）；对安全带进行外观检查及冲击试验。

3）防电弧服防护能力应不小于 $6.8cal/cm^2$。

（7）低压带电作业车空斗试验　作业人员对低压带电作业车进行空斗试验，确认液压传动、回转、升降、伸缩系统工作正常、操作灵活、制动装置可靠。

2. 作业过程

（1）作业人员到达作业位置　斗内电工经工作负责人许可后，进入带电作业区域。

1）绝缘斗移动应平稳匀速，在进入带电作业区域时应无大幅晃动，绝缘斗上升、下降、平移的最大线速度不应超过 0.5m/s。

2）再次确认线路状态，满足作业条件。

（2）验电

1）在带电导线上检验验电器是否完好。

2）验电时作业人员应与带电导体保持安全距离。验电顺序按照图 5-3 所示 1—导线（引线）→ 2—绝缘子→ 3—横担的顺序。验电时应戴绝缘手套。

3）检验作业现场接地构件、绝缘子有无漏电现象。确认无漏电现象，验电结果汇报给工作负责人。

（3）检测电流（仅拆除电缆作业需要）　斗内电工使用钳形电流表在引线处确认电缆确已空载。

（4）设置绝缘遮蔽　获得工作负责人的许可后，斗内电工按照"由近到远""由下到上"的原则对不能够满足安全距离的带电体和接地体进行绝缘隔离。

图 5-3　验电顺序

1）斗内电工在对导线设置绝缘遮蔽隔离措施时，动作应轻缓，与接地构件间和与邻相导线间应有足够的安全距离。

2）应对四相待接电缆引线进行绝缘遮蔽（仅搭接电缆作业需要）。

3）作业过程严禁线路发生接地或短路。

（5）断电缆线路引线

1）获得工作负责人的许可后，斗内电工打开内侧边相空载电缆与主导线连接处的绝缘遮蔽。

2）使用电动扳手拆除内侧边相引线与主线路的连接，如图 5-4 所示。

3）使用低压电缆引线绝缘遮蔽工具对拆除的空载电缆引线进行绝缘遮蔽并妥善固定。

图 5-4　拆除引线与主线路的连接

4）对带电侧导线线夹处裸露的金属部分缠绕绝缘包布，最后恢复该处的绝缘遮蔽。

5）按照此方法，依次拆除远边相外侧和远边相内侧引线的连接，最后拆除零线引线。

（6）接电缆线路引线

1）用金属刷将接触点氧化层清除干净。

2）获得工作负责人的许可后，斗内电工打开空载电缆零线引线和主导线零线的绝缘遮蔽。

3）使用螺钉螺母将电缆引线和主导线连接，并用电动扳手紧固。

4）使用绝缘胶布对连接处进行绝缘遮蔽。

5）对零线主导线和电缆引线进行绝缘遮蔽。

6）按照此方法和"由内向外、由远及近"的顺序将其余三相电缆引线与主导线进行连接。

（7）拆除绝缘遮蔽

1）获得工作负责人的许可后，斗内电工到达合适位置，按照"从远到近、从上到下、先接地体后带电体"的原则拆除导线的绝缘遮蔽。

2）拆除绝缘遮蔽的动作应轻缓，与接地构件间和与邻相导线间应有足够的安全距离。

（8）电缆引线放电（仅拆除电缆作业需要） 在工作负责人（监护人）的监护下，使用放电杆逐相对低压电缆进行放电；放电杆接地极应连接可靠，若选用临时接地极，接地极深度应不小于600mm，如图5-5和图5-6所示。

图5-5 放电杆触碰电缆

图5-6 放电线接地极

（9）拆除电缆引线遮蔽工具（仅拆除电缆作业需要）

1）获得工作负责人的许可后，斗内电工到达合适位置，按照"从远到近、从上到下"的原则拆除导线绝缘遮蔽。

2）拆除绝缘遮蔽的动作应轻缓，与接地构件间和与邻相导线间应有足够的安全距离。

（10）离开作业区域，作业结束

1）遮蔽装置全部拆除后，斗内作业电工清理工作现场，杆上应无遗留物，向工作负责人汇报施工质量。

2）工作负责人应进行全面检查，装置应无缺陷，符合运行条件，确认工作完成无误后，向工作许可人汇报。

3）工作许可人验收工作无误后，联系调度恢复本回路重合闸，工作全部结束，人员全部撤离现场。

3. 作业结束

（1）拆除电缆作业竣工内容要求

1）召开收工会。工作负责人组织召开现场收工会，做工作总结和点评工作：

① 正确点评本项工作的施工质量。
② 点评班组成员在作业中安全措施的落实情况。
③ 点评班组成员对规程的执行情况。

2）办理工作终结手续。工作负责人向设备运维管理单位（工作许可人）汇报工作结束，停用重合闸的需申请恢复线路重合闸装置，终结工作票。

3）清理工具及现场。工作负责人全面检查工作完成情况，清点整理工具、材料，将工器具清洁后放入专用的箱（袋）中，组织班组成员认真检查现场无遗留物，无误后撤离现场，做到"工完料尽场地清"。

4）作业人员撤离现场。

（2）搭接电缆作业竣工内容要求

1）清理工具及现场：工作负责人全面检查工作完成情况，清点整理工具、材料，将工器具清洁后放入专用的箱（袋）中，组织班组成员认真检查现场无遗留物，无误后撤离现场，做到"工完料尽场地清"。

2）办理工作终结手续：工作负责人向调度（工作许可人）汇报工作结束，申请恢复线路重合闸，终结工作票。

3）工作负责人组织召开现场收工会，做工作总结和点评工作：

① 正确点评本项工作的施工质量。
② 点评班组成员在作业中安全措施的落实情况。
③ 点评班组成员对规程的执行情况。

4）作业人员撤离现场。

5.2.4 安全注意事项

1）作业现场应有专人负责指挥施工，做好现场的组织、协调工作。作业人员应听从工作负责人指挥。专责监护人应履行监护职责，不得兼做其他工作，要选择便于监护的位置，监护的范围不得超过一个作业点。

2）作业前，工作负责人应组织工作人员进行现场勘查，确认待断电缆引线确实处于空载状态，后端线路开关及刀开关处于拉开位置，并通过测量电流确认。

3）作业现场及工具摆放位置周围应设置安全围栏、警示标志，防止行人及其他车辆进入作业现场，必要时应派专人守护。

4）绝缘斗臂车应停放到最佳位置：

① 停放的位置应便于绝缘斗臂车绝缘斗到达作业位置，避开附近电力线和障碍物。
② 停放位置坡度不大于 7°。
③ 绝缘斗臂车应顺线路停放。

5）作业人员应对绝缘斗臂车支腿情况进行检查，向工作负责人汇报检查结果。检查标准如下：

①不应支放在沟道盖板上。

②软土地面应使用垫块或枕木,垫板重叠不超过2块。

③支撑应到位,车辆前后、左右呈水平,整车支腿受力,车轮离地。

6)绝缘斗臂车操作人员将绝缘斗臂车可靠接地。

7)低压电气带电作业应戴绝缘手套(含防穿刺手套)、防护面罩,穿防电弧服,并保持对地绝缘;遮蔽作业时动作幅度不得过大,防止造成相间、相对地放电;若存在相间短路风险,应加装绝缘遮蔽(隔离)。

8)遮蔽应完整,遮蔽重合长度不小于5cm,避免留有漏洞、带电体暴露,导致作业时接触带电体形成回路,造成人身伤害。

9)断开电缆引线后,作业人员应及时对裸露的金属端头进行绝缘遮蔽,防止人员触电;电缆引线全部断开后,应对低压电缆进行逐相放电,放电后,方可拆除电缆端头的绝缘遮蔽。

10)断开空载电缆引线时,应按照"先相线、后零线"的顺序依次断开电缆引线。连接空载电缆引线时,应按照"先零线、后相线"的顺序依次连接。

11)电缆引线断开后,作业人员应首先控制引线并将引线固定,防止随意摆动。

12)正确使用个人防护用具、登杆工具,对脚扣、安全带进行冲击试验,避免因意外断裂造成人员从高处坠落伤害。

13)地面人员不得在作业区下方逗留,避免因高处落物造成伤害。

5.2.5 危险点分析

1)工作负责人、专责监护人违章兼做其他工作或监护不到位,使作业人员失去监护。

2)带负荷断电缆引线。

3)未设置防护措施及安全围栏、标示牌,发生行人、车辆进入作业现场,造成危害。

4)绝缘斗臂车位置停放不佳,附近存在电力线和障碍物,坡度过大,造成车辆倾覆、人员伤亡事故。

5)作业人员未对绝缘斗臂车支腿情况进行检查,误支放在沟道盖板上,未使用垫块或枕木,支撑不到位,造成车辆倾覆、人员伤亡事故。

6)绝缘斗臂车操作人员未将绝缘斗臂车可靠接地。

7)遮蔽作业时动作幅度过大,接触带电体形成回路,造成人身伤害。

8)遮蔽不完整,留有漏洞、带电体暴露,导致作业时接触带电体形成回路,造成人身伤害。

9)直接触及未放电的已断开的电缆引线端头金属裸露部分线头,造成人员触电。

10）断空载电缆引线时，未按正确顺序断开电缆引线；接空载电缆引线时，未按正确顺序连接电缆引线；带负荷接电缆引线。

11）已断开的电缆引线未可靠固定，摆动伤人。

12）未能正确使用个人防护用具、登杆工具，造成人员从高处坠落伤害。

13）地面人员在作业区下方逗留，造成高处落物伤害。

5.3 低压用户临时电源供电

5.3.1 项目类型及人员分工要求

本作业方法适用于"0.4kV绝缘手套作业法临时电源供电"，根据GB/T 18857—2019《配电线路带电作业技术导则》，本项目人员要求及分工见表5-3。

表5-3 人员要求及分工

序号	人员	数量	职责分工
1	工作负责人	1人	负责整个作业过程的组织、指挥和协调，确保作业人员的安全，监督作业过程是否符合规定和要求，与相关部门和人员沟通，确保作业过程中的信息畅通等
2	电缆不停电作业人员	3人	负责敷设及回收旁路电缆工作，以及电缆接头作业和核相工作
3	倒闸操作人员	1人	负责开关的倒闸操作

5.3.2 主要工器具

根据Q/GDW 10520—2016《10kV配网不停电作业规范》，本项目主要工器具配备见表5-4。

表5-4 主要工器具配备

序号	工器具名称		型号/规格	单位	数量	备注
1	主要作业车辆		0.4kV发电车或应急电源车	辆	1	容量根据现场实际情况确定
2	个人防护用具		绝缘鞋	双	5	
3			安全帽	顶	5	
4			个人电弧防护用具		套	1	室外作业防电弧能力不小于6.8cal/cm^2；配电柜等封闭空间不小于27.0cal/cm^2
5			绝缘手套	0.4kV	副	1	验电、核相、倒闸操作用
6	绝缘操作工具		绝缘放电棒		副	1	旁路电缆试验以及使用以后，放电用
7			绝缘隔板		块	1	绝缘遮蔽用
8	旁路作业设备		发电车出线电缆	0.4kV	米	若干	
9			发电车出线电缆防护盖板、防护垫布等		个	若干	地面敷设

（续）

序号	工器具名称	型号/规格	单位	数量	备注
10	个人工器具	棘轮扳手		套	1	
11		绝缘电阻表	500V	台	1	
12		钳形电流表		块	1	
13	其他主要工器具	安全围栏、标示牌		块	若干	
14		验电器	0.4kV	支	1	
15		相序表	0.4kV	个	1	
16	材料和备品、备件	螺栓螺母		只	若干	

5.3.3 作业步骤

1. 现场复勘

1）工作负责人指挥工作人员检查线路装置是否具备不停电作业条件，本项作业应检查确认的内容有：

① 配电箱站名称及编号，确认箱站体有无漏电现象，作业现场是否满足作业要求。

② 确认发电车容量是否满足负荷标准。

③ 作业范围内地面土壤是否坚实、平整，是否符合0.4kV发电车或应急电源车安置条件。

2）工作负责人指挥工作人员检查气象条件：

① 天气应晴好，无雷、无雨、无雪、无雾。

② 风力不大于5级。

③ 相对湿度不大于80%。

3）工作负责人指挥工作人员检查工作票所列安全措施，在工作票上补充安全措施。

2. 作业前准备

1）工作负责人组织班组成员设置工作现场的安全围栏、安全警示标志。

2）班组成员按要求将绝缘工器具放在防潮苫布上，需要注意的是：

① 防潮苫布应清洁、干燥。

② 工器具应按定置管理要求分类摆放。

③ 绝缘工器具不能与金属工具、材料混放。

3）停放发电车，将发电车停放至最佳位置：

① 停放的位置应避开附近电力线和障碍物。

② 停放位置坡度不大于7°，发电车应顺线路停放。

4）执行工作许可制度，工作负责人向设备运行单位申请许可工作，汇报内容为工作负责人姓名、工作地点（线路及设备名称）、工作任务、计划工作时间，工作负责人在工作票上签字,并记录许可时间。

5)召开现场站班会,工作负责人宣读工作票,检查工作班组成员精神状态,交代工作任务分工,交代工作中的安全措施和技术措施,工作负责人检查班组各成员对工作任务分工、安全措施和技术措施是否明确,作业人员在工作票和作业指导书(卡)上签名确认。

6)检查绝缘工器具,作业人员使用清洁干燥毛巾逐件对绝缘工器具进行擦拭并进行外观检查:

① 检查人员应戴清洁、干燥的手套。
② 绝缘工器具表面不应磨损、变形损坏,操作应灵活。
③ 个人安全防护用具和遮蔽、隔离用具应无针孔、砂眼、裂纹。

7)作业人员穿戴全套个人安全防护用具。

3. 操作步骤

1)敷设防护垫布和盖板。作业人员敷设电缆防护垫布、旁路防护盖板,敷设工作完毕,检查敷设完整程度,有无连接不牢之处,并向工作负责人汇报检查结果。

2)敷设发电车出线电缆。在待供电低压侧设备与发电车之间敷设发电车出线电缆,须由多名作业人员配合使发电车出线电缆离开地面整体敷设,防止发电车出线电缆与地面摩擦,在路口应采用电缆防护盖板或架空敷设,防止车辆碾压造成电缆损伤,如图 5-7 所示。

3)绝缘检测。发电车出线电缆使用前应进行外观检查和绝缘检测,旁路电缆表面绝缘应无明显磨损或破损现象;组装完成后检测绝缘电阻,合格后方可投入使用;依次检查各相旁路电缆的额定荷载电流并对照线路负荷电流(可根据现场勘查或运行资料获得),电缆额定荷载电流应大于线路最大负荷电流的 1.2 倍,如图 5-8 所示。

图 5-7 敷设发电车出线电缆

图 5-8 绝缘检测

检测绝缘电阻后要逐相充分放电,确认电缆无电,如图 5-9 所示。

4)发电车出线电缆接入发电机侧。按照相色标记,将发电车出线电缆接入发电机低压开关下桩头，确认发电车出线开关处于分位，发电车出线电缆应与发电机低压开关下桩头保证相色一致，接入完毕后向工作负责人报告，如图 5-10 所示。

图 5-9　逐相放电

图 5-10　发电车出线电缆接入发电机侧

5）设置绝缘遮蔽。倒闸操作人员对配电箱站可能触及的带电部位设置绝缘隔板，如图 5-11 所示。

6）配电箱侧安装发电车出线电缆。倒闸操作人员确认配电箱开关处于分位，作业人员按照"先零线、后相线"的顺序逐相安装，安装完毕，确认安装牢固，邻相电缆无触碰，如图 5-12 所示。

图 5-11　设置绝缘隔板

图 5-12　配电箱侧安装发电车出线电缆

7）启动发电车电源。确认发电机出线开关在分位，启动发电车电源，确认发电机水位、油位正常，合上发电机出线开关。

8）检测相序。倒闸操作人员检测低压出线开关两侧相序，确认一致，如图 5-13 所示。

9）断开配电箱低压总开关。倒闸操作人员断开配电箱低压总开关，用验电器对配电箱低压总开关出线逐相验电，确认无电，如图 5-14 所示。

第 5 章 低压配网不停电作业技术实训

图 5-13 检测相序

图 5-14 逐相验电

10）合上低压出线开关。

11）检测负荷情况。用钳形电流表检测负荷，判断通流情况并向工作负责人汇报；依次检查各相旁路电缆的实际电流并对照线路负荷电流（可根据现场勘查或运行资料获得），确认发电车临时供电是否正常，如图 5-15 所示。

12）拉开低压出线开关。临时取电工作结束，倒闸操作人员拉开低压出线开关并确认。

13）拉开发电机出线开关，退出发电车电源。

14）合上配电箱低压总开关。

15）拆除电缆。逐相充分放电，拆除发电车出线电缆、防护垫布和电缆盖板，如图 5-16 所示。

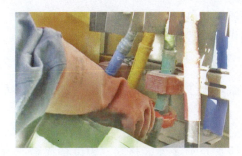

图 5-15 检测负荷

图 5-16 逐相放电

16）拆除绝缘隔板。倒闸操作人员拆除绝缘隔板时，动作应轻缓，对配电箱内带电体之间应有足够的安全距离，作业中，严禁人体串入电路。

5.3.4 安全注意事项

1）作业现场应有专人负责指挥施工，做好现场的组织、协调工作。作业人员应听从工作负责人指挥。专责监护人应履行监护职责，不得兼做其他工作，要选择便于监护的位置，监护的范围不得超过一个作业点。每项工作开始前和结束后,相应工作小组负责人应向现场总工作负责人汇报。

2)旁路作业现场应有专人负责指挥施工,多班组作业时应做好现场的组织、协调工作。作业人员应听从工作负责人指挥。

3)作业现场及工具摆放位置周围应设置安全围栏、警示标志,防止行人及其他车辆进入作业现场。

4)操作之前应核对开关编号及状态。

5)严格按照倒闸操作票进行操作,并执行唱票制。

6)敷设旁路电缆时应设围栏。在路口应采用过街保护盒或架空敷设,并设专人看守。

7)敷设旁路电缆时,须由多名作业人员配合使旁路电缆离开地面整体敷设,防止旁路电缆与地面摩擦。连接旁路电缆时,电缆连接器按规定要求涂绝缘脂。

8)三相旁路电缆应分段绑扎固定。

9)旁路作业设备使用前应进行外观检查,并对组装好的旁路作业设备(旁路电缆、旁路电缆终端等)进行绝缘电阻检测,合格后方可投入使用。

10)旁路作业设备的旁路电缆、旁路电缆终端的连接应核对分相标志,保证相色的一致。

11)旁路电缆运行期间,应派专人看守、巡视,防止行人碰触和重型车辆碾压。

12)拆除旁路作业设备前,应充分放电。

13)作业前需检测确认待检修线路负荷电流小于旁路设备额定电流。

14)旁路作业设备连接过程中,必须核对相色标记,确认每相连接正确。

15)低压临时电源接入前应确认两侧相序一致。

5.3.5　危险点分析

1)工作负责人、专责监护人违章兼做其他工作,或监护不到位,使作业人员失去监护。

2)旁路作业现场未设专人负责指挥施工,作业现场混乱,安全措施不齐全。

3)旁路电缆设备投运前未进行外观检查及绝缘性能检测,因设备损毁或有缺陷未及时发现造成人身、设备事故。

4)敷设旁路电缆未设置防护措施及安全围栏,发生行人踩压、车辆碾压,造成电缆损伤。

5)地面敷设电缆被重型车辆碾压,造成电缆损伤。

6)三相旁路电缆未绑扎固定,电缆线路发生短路故障时发生摆动。

7)敷设旁路作业设备时,旁路电缆、旁路电缆终端的连接未核对分相标志,导致接线错误。

8)敷设旁路电缆方法错误,旁路电缆与地面摩擦,导致旁路电缆损坏。

9）旁路电缆设备绝缘检测后，未进行整体放电或放电不完全，引发人身触电伤害。

10）拆除旁路作业设备前未进行整体放电或放电不完全，引发人身触电伤害。

11）旁路电缆敷设好后未按要求设置好保护盒。

12）旁路作业前未检测确认待检修线路负荷电流，造成旁路作业设备过载。

13）旁路作业设备连接过程中，未进行相色标记核对，造成短路事故。

14）低压临时电源接入前相序不一致。

5.4 本章小结

电缆拆、搭作业和低压用户临时电源供电作业是电力系统中保障供电连续性的重要操作。

电缆拆、搭作业需依据相关规范，明确项目类型及人员分工，准备齐全且合格的工器具，按照前期准备、作业过程和作业结束的流程严谨操作，过程中要特别注意众多安全事项，如专人指挥、检查电缆状态、设置安全围栏、规范绝缘斗臂车操作、确保遮蔽完整等，并针对可能的危险点采取预控措施。

低压用户临时电源供电作业同样要根据导则确定人员职责，准备合适的工器具，在现场复勘、作业前准备和操作步骤中严格执行各项要求，包括检查线路和气象条件、设置警示标志、正确操作发电车和电缆、检测相序和负荷等，同时注意操作中的安全要点，如专人指挥协调、遵守倒闸操作规定、防护旁路电缆等，以确保作业安全高效，满足用户临时用电需求并维护电力系统稳定运行。

第 6 章

中压配网不停电作业技术实训

6.1 引言

在现代电力系统中，配网不停电作业技术对于保障供电可靠性、提高电网运行效率具有重要意义。

其中，绝缘杆作业法和绝缘手套作业法作为常用的带电作业手段，广泛应用于各类配电网设备的检修与维护工作中。这些作业方法能够在不停电的情况下，对支线引线、耐张杆绝缘子串、直线杆绝缘子、柱上开关或隔离开关、熔断器等设备进行操作，有效减少了因停电给用户带来的不便，提高了电力供应的稳定性。

深入研究和掌握这些作业方法的技术要点、安全注意事项以及危险点预控措施，对于确保作业人员的人身安全、提高作业质量和效率、保障电力系统的安全稳定运行至关重要。

6.2 绝缘杆作业法带电断、接支线引线

绝缘杆作业法带电接引线属于第一类带电作业项目，在配电网检修、消除缺陷、抢修、业扩报装等方面具有广泛的应用前景，是配电线路带电作业的重要作业项目。本节将先介绍绝缘杆作业法带电断、接支线引线的准备工作，再简述实操的具体过程，最后给出现场安全注意事项和一些危险点并提出预防措施。

6.2.1 人员要求及分工

根据 GB/T 18857—2019《配电线路带电作业技术导则》，本项目人员要求及分工见表 6-1。

表 6-1 人员要求及分工

序号	人员	数量	职责分工
1	工作负责人（监护人）	1人	负责组织、指挥作业，作业中全程监护，落实安全措施
2	高空作业人员	2人	负责高空作业
3	地面电工	1人	负责地面配合作业

6.2.2 主要工器具

根据 Q/GDW 10520—2016《10kV 配网不停电作业规范》，本项目主要工器具配备见表 6-2。

表 6-2 主要工器具配备

序号	工器具名称	工器具名称	型号/规格	单位	数量	备注
1	个人防护用具	绝缘安全帽	10kV	顶	2	
2		普通安全帽		顶	4	
3		绝缘手套	10kV	双	2	戴防护手套
4		绝缘服	10kV	套	2	
5		全身式安全带		副	2	
6		护目镜		副	2	
7		安全绳		根	2	
8		登杆带		副	2	
9		带脚扣		副	2	
10	绝缘遮蔽用具	导线遮蔽罩	10kV，1.5m	根	若干	
11	绝缘器具	绝缘绳	φ12mm，15m	根	1	
12		绝缘锁杆	1.4m	根	1	装有并沟线夹
13		绝缘锁杆	1.4m	根	1	装有平头锁
14		绝缘锁杆	1.4m	根	1	装有鹰嘴钳
15		绝缘锁杆	1.4m	根	1	装有套筒
16	其他主要工器具	高压验电器	10kV	支	1	
17		绝缘电阻测试仪	2500V 及以上	套	1	
18		风速仪		只	1	
19		湿、温度计		套	1	
20		通信系统		套	1	
21		防潮苫布	3m×3m	块	1	
22		个人常用安全工具		套	1	
23		安全围栏		副	若干	
24		标示牌	"从此进入！"	块	1	
25		标示牌	"在此工作！"	块	2	
26		标示牌	"前方施工，车辆慢行"	块	2	

如图 6-1 所示，1 号物品是绝缘遮蔽罩；2 号物品是全身式安全带，确保各个部位无磨损和断裂；3 号物品是带脚扣；4～7 号物品分别是装有鹰嘴钳、并沟线夹头、套筒和平头锁的操作杆。

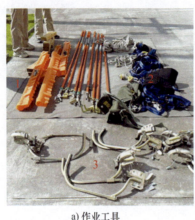

a) 作业工具　　　　　　　　c) J型线夹

b) 操作杆

图 6-1　部分工器具展示

6.2.3　作业步骤

本项目工作步骤分为绝缘杆作业法带电接支线引线和绝缘杆作业法带电断支线引线两部分。

1. 前期准备

（1）检查现场

1）核对线路名称和杆塔编号。

2）核实线路工况。

3）测量温度、湿度和风速，确认天气适合带电作业。

（2）工作许可

1）中性点非有效接地系统中可能引起相间短路的作业，工作负责人应确认线路重合闸已退出。

2）办理工作票许可。

（3）作业前安全交底　工作负责人向工作班成员宣读工作票，明确分工，告知危险点，并履行确认手续。

2. 作业过程

（1）绝缘杆作业法带电接支线引线

1）杆上电工穿戴好绝缘防护用具，携带绝缘传递绳，登杆至适当位置，系好安全带及后备保护绳。

2）杆上电工使用验电器依次对导线、绝缘子、横担进行验电，确认无漏电现象。

3）杆上电工在地面电工的配合下，将绝缘操作杆和绝缘遮蔽用具分别传至杆上，如图 6-2 所示。

第6章 中压配网不停电作业技术实训

图 6-2　现场操作 1

4）杆上电工利用绝缘操作杆按照"从近到远、从下到上、先带电体后接地体"的遮蔽原则对作业范围内不能满足安全距离的带电体和接地体进行绝缘遮蔽，如图 6-3 所示。

5）杆上电工检查三相熔断器安装应符合规范要求，杆上电工使用绝缘测量杆测量三相上引线长度，由地面电工做好上引线，杆上电工使用绝缘剥皮器操作杆剥除三相绝缘导线绝缘皮，杆上电工将三相上引线无电端安装在熔断器上接线柱，三相引线可分别连接，并固定在合适位置以避免摆动。

图 6-3　现场操作 2

6）杆上电工先用导线清扫刷对三相导线的搭接处进行清除氧化层工作，杆上电工用绝缘锁杆锁住上引线另一端后提升上引线，将其固定在距离横担 0.6～0.7m 处的主导线上。如图 6-4 所示，杆上电工先用装有平头锁的绝缘杆在 1 号处确定好上引线和待接引线的位置，再如 2 号处所示，准备鹰嘴钳固定引线位置。

7）杆上电工使用线夹安装工具安装线夹，并将线夹送至导线裸露处。如图 6-5 所示，杆上电工正在用并沟线夹绝缘杆将线夹送至导线待连接处。

121

图 6-4　现场操作 3

图 6-5　现场操作 4

8）杆上电工交接绝缘杆，撤下鹰嘴钳，由一人固定平头锁杆与线夹安装杆的位置，另一位杆上人员使用 J 型线夹安装工具安装线夹，并用 J 型线夹安装杆将螺栓拧紧，使引线与导线可靠连接，然后撤除绝缘锁杆。如图 6-6a 所示，杆上电工正在合力安装线夹，其中安装细节如图 6-6b 所示；安装完成后如图 6-6c 所示。

图 6-6　现场操作 5

第6章 中压配网不停电作业技术实训

9）其余两相熔断器上引线连接按相同的方法进行。三相熔断器引线连接可按"先中间、后两侧"的顺序进行。

10）杆上电工和地面电工配合将绝缘工器具吊至地面，检查杆上无遗留物后，杆上电工返回地面。

（2）绝缘杆作业法带电断支线引线

1）杆上电工穿戴好绝缘防护用具，携带绝缘传递绳，登杆至适当位置，系好安全带及后备保护绳。

2）杆上电工使用验电器依次对导线、绝缘子、横担进行验电，确认无漏电现象。

3）杆上电工在地面电工的配合下，将绝缘操作杆和绝缘遮蔽用具分别传至杆上，杆上电工利用绝缘操作杆按照"从近到远、从下到上、先带电体后接地体"的遮蔽原则，对作业范围内不能满足安全距离的带电体和接地体进行绝缘遮蔽，如图6-7所示。

4）杆上电工使用绝缘锁杆锁紧待断的上引线，并使用J型线夹安装器锁紧线夹，准备卸下线夹，如图6-8所示。

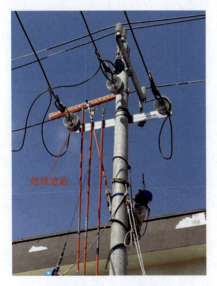

图6-7 现场操作6

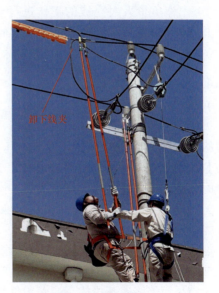

图6-8 现场操作7

5）杆上电工回收线夹后，使用绝缘锁杆使引线脱离主导线至安全位置固定牢固，如图6-9所示。

6）其余两相引线拆除按相同的方法进行，三相引线拆除的顺序按"先两边相、再中间相"的顺序进行。

7）杆上电工按照"从远到近、从上到下、先接地体后带电体"的原则拆除绝缘遮蔽，检查杆上无遗留物后返回地面。

图6-9 现场操作8

3. 作业结束

1）工作负责人组织工作人员清点工器具，并清理施工现场。

2）工作负责人对完成的工作进行全面检查，符合验收规范要求后，记录在册，并召开现场收工会进行工作点评，宣布工作结束。

3）汇报值班调控人员工作已经结束，工作班撤离现场。

6.2.4 安全注意事项

1）严禁带负荷断引线。

2）带电作业应在良好天气下进行，作业前须进行风速和湿度测量。风力大于5级或湿度大于80%时，不宜带电作业。若遇雷电、雪、雹、雨、雾等不良天气，禁止带电作业。带电作业过程中若遇天气突然变化，有可能危及人身及设备安全时，应立即停止工作，撤离人员，恢复设备正常状况或采取临时安全措施。

3）根据Q/GDW 10520—2016《10kV配网不停电作业规范》规定，本项目一般无需停用线路重合闸。

4）作业中，绝缘操作杆的有效绝缘长度应不小于0.7m。

5）作业中，人体应保持对带电体0.4m以上的安全距离；如不能确保该安全距离，应采用绝缘遮蔽措施，遮蔽用具之间的重叠部分不得小于150mm。

6）带电断引线时已断开相的导线，应当在采取防感应电措施后方可触及。

7）带电接引线时未接通相的引线，应在采取防感应电措施后方可触及。

8）杆上电工操作时动作要平稳，已断开的上引线应与带电导体保持0.4m以上的安全距离。

9）在同杆架设线路上工作，与上层线路小于规定安全距离且无法采取安全措施时，不得进行该项工作。

10）上下传递工具、材料均应使用绝缘绳传递，严禁抛掷。

6.2.5 危险点分析及预控措施

1. 装置不符合作业条件，带负荷断引线

工作当日到达现场进行现场复勘时，工作负责人应与运维单位人员共同检查并确认引线负荷侧开关确已断开，电压互感器、变压器等已退出运行，相位正确，线路无人工作。

2. 感应电触电

1）带电接引线时未接通相的引线，应当在采取防感应电措施后方可触及。
2）带电断引线时已断开相的引线，应当在采取防感应电措施后方可触及。

3. 作业空间狭小，引起接地或短路

1）有效控制引线。
2）接三相引线的顺序应为"先中间相，后两边相"。
3）断三相引线的顺序应为"先两边相，后中间相"。
4）先将三相引线安装到跌落式熔断器上接线柱处，再逐相将引线搭接到主导线上。
5）断引线时，先断引线与主线的连接点，再断引线与跌落式熔断器上接线柱的连接点。

6.3 绝缘手套作业法带电断、接支线引线

绝缘手套作业法是一种在高压电气设备上进行带电作业时常用的安全操作方法。使用绝缘手套进行带电断、接支线引线操作，可以有效避免电击风险，确保操作人员的安全。以下是使用绝缘手套作业法进行带电断、接支线引线操作的简要描述。

6.3.1 项目类型及人员分工要求

根据 Q/GDW 10520—2016《10kV 配网不停电作业规范》中"项目分类"的划分，本项目为第二类绝缘手套作业法，填写配网带电作业工作票，适用于绝缘斗臂车、绝缘脚手架、绝缘平台开展的 10kV 架空线路断、接支线路引线工作。

根据 GB/T 18857—2019《配电线路带电作业技术导则》，本项目人员要求及分工见表 6-3。

表 6-3 人员要求及分工

序号	人员	数量	职责分工
1	工作负责人（监护人）	1人	具有一定的带电作业实际工作经验，负责组织、协调、指挥和监护作业
2	带电工作人员	2人	与作业人员配合对工器具、材料进行检查、检测，负责绝缘平台上作业
3	作业人员	1人	负责检查、检测作业所需工器具、材料，地面配合
4	合计	4人	所有工作人员需通过每年一次的安全知识考试，经过必要的技能技术培训，取得带电作业证，可根据实际情况安排人员

注：具体工作人数可根据现场实际情况进行增减。

6.3.2 主要工器具

根据 Q/GDW 10520—2016《10kV 配网不停电作业规范》，本项目主要工器具配备见表 6-4。

表 6-4 主要工器具配备

序号	工器具名称		型号/规格	单位	数量	备注
1	特种车辆	绝缘斗臂车		辆	1	
2	个人防护用具	绝缘安全帽	10kV	顶	2	
3		普通安全帽		顶	4	
4		绝缘手套	10kV	双	2	
5		绝缘服	10kV	套	2	
6		全身式安全带		副	2	
7		护目镜		副	2	
8		防穿刺手套		副	2	
9		绝缘鞋	10kV	双	2	
10	绝缘遮蔽用具	绝缘管套		根	若干	
11		引线遮蔽罩	10kV，0.6m	根	若干	
12		绝缘毯	10kV	块	若干	
13		绝缘毯夹		只	若干	
14	绝缘工器具	绝缘绳	ϕ12mm，15m	根	1	
15		绝缘锁杆	1.4m	根	1	装有双沟线夹
16		绝缘扳手		套	1	14in[①] 棘轮扳手
17	其他主要工器具	高压验电器	10kV	支	1	
18		绝缘电阻测试仪	2500V 及以上	套	1	
19		风速仪		只	1	
20		湿、温度计		套	1	
21		通信系统		套	1	
22		个人常用安全工具		套	1	
23		安全围栏		副	若干	
24		标示牌	"从此进入！"	块	1	
25		标示牌	"在此工作！"	块	2	
26		标示牌	"前方施工，车辆慢行"	块	2	
27	材料和备品、备件	导线		条	若干	
28		扎线		条	若干	
29		线夹		只	若干	
30		导电脂		支	1	

注：具体工作人数可根据现场实际情况进行增减。

① 1in = 2.54cm，后同。

部分工器具展示如图 6-10 所示。

a) 绝缘斗臂车

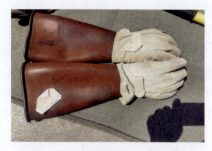
b) 绝缘手套

c) 绝缘毯

d) 绝缘毯夹

e) 线夹

f) 绝缘锁杆

g) 引线屏蔽器

h) 绝缘管套

图 6-10　部分工器具展示

6.3.3 作业步骤

1. 前期准备

（1）检查现场

1）核对线路名称和杆塔编号。

2）核实线路工况。

3）测量温度、湿度和风速，确认天气适合带电作业。

（2）工作许可

1）中性点非有效接地系统中可能引起相间短路的作业，工作负责人应确认线路重合闸已退出。

2）办理工作票许可。

（3）作业前安全交底　工作负责人向工作班成员宣读工作票，明确分工，告知危险点，并履行确认手续。

2. 作业过程

（1）装设现场安全设施

1）工作场所周围装设围栏，并在相应部位装设交通标示牌。

2）路面作业时，作业人员应注意来往车辆，穿好反光衣并设专人监护。

（2）摆放绝缘承载工具　绝缘斗臂车停放、检查：

1）斗臂车操作人员将绝缘斗臂车可靠接地，接地线应采用有透明护套的不小于 $25mm^2$ 的多股软铜线，临时接地体埋深应不小于 0.6m。

2）检查绝缘斗、绝缘臂，确保其清洁、无裂纹、无损伤。

3）在专人监护下进行空斗试操作，确认液压传动、回转、升降、伸缩系统工作正常，操作灵活，制动装置可靠。

4）停放位置应避开附近电力线和障碍物，并能保证作业时绝缘斗臂车的绝缘臂有效绝缘长度不小于 1.0m。

5）支腿不应支放在沟道盖板上。

6）软土地面应使用垫板或枕木。

7）车辆前后、左右呈水平，四轮应离地。

8）试操作时注意避开邻近的高、低压线路及各类障碍物，与其足够的安全距离。

（3）检查、检测工具及材料

1）检查绝缘防护用具及遮蔽用具，在试验有效期内，无破损，绝缘手套使用绝缘手套检测仪检测。

2）绝缘工器具需进行分段绝缘检测（电极宽 2cm，极间宽 2cm），阻值不得小于 700MΩ。

3）绝缘斗臂车检查和试操作合格。

4）工器具应摆放在干燥、清洁的防潮垫上，避免挤压、碰撞，绝缘工具器与金属工器具、材料应分类摆放。

5）作业人员不得赤手接触绝缘工具。

6）用清洁、干燥的棉质毛巾擦拭绝缘工具。

7）斗臂车空斗试验时保持与附近建筑和带电体足够的安全距离。

（4）进入带电作业工位　带电作业人员穿戴绝缘防护用具通过绝缘承载工具进入作业工位：

1）正确穿戴个人安全防护用具。

2）将安全带系于牢固位置。

对线路验电：

1）遵循"由下至上、由近至远"的原则逐相进行验电。

2）使用合格的相应电压等级的专用验电器。

3）如果线路不带电，需报告运行部门。

（5）检查设备状况

1）作业人员检查作业范围内的设备及线路完好。

2）测量被断引线无负荷电流。

3）测量待接入线路及设备绝缘良好，相位正确无误。

（6）安装绝缘遮蔽　遵循"由下至上、由近至远、先带电体后接地体"的原则进行绝缘遮蔽，设置绝缘遮蔽时应轻缓，绝缘遮蔽搭接部分不得小于15cm，安装过程如图6-11～图6-13所示。

图6-11　安装绝缘管套

图6-12　完成绝缘遮蔽

图6-13　对其他带电体进行绝缘遮蔽

（7）搭接隔离开关引线　带电作业人员逐相测量并制作引线，清除接点处干线氧化层，使用扎线（线夹）逐相接入引线，并恢复绝缘遮蔽，安装过程如图6-14～图6-16所示。

图 6-14 安装线夹

图 6-15 进行绝缘遮蔽

（8）拆除隔离开关引线　使用绝缘锁杆锁住引线端头，再将上引线线头脱离主导线，拆除引线扎线（线夹），并恢复主导线绝缘遮蔽，安装过程如图 6-17～图 6-19 所示。

图 6-16 完成绝缘遮蔽

图 6-17 拆除引线扎线（线夹）

图 6-18 恢复主导线绝缘遮蔽

图 6-19 引线放置在合理位置

（9）作业检查　带电作业人员检查工艺质量是否符合配电线路安装规范的要求。

（10）拆除绝缘遮蔽　拆除绝缘遮蔽遵循"由上至下、由远至近"原则进行。

（11）退出带电作业工位　带电作业人员返回地面。

3. 作业结束

1）给出验收意见。

2）清理现场。

① 拆除安全围栏、标示牌，整理安全工器具。

② 清点工器具及材料，确保无遗留。

③ 将设备、工具、材料等撤离现场，清理现场施工垃圾。

3）工作终结。

① 确认所有工作班人员已经撤离作业现场和所有绝缘遮蔽已经拆除。

② 办理工作票终结手续。

6.3.4　安全注意事项

1）严禁带负荷断引线，断引线前应检查并确定待断引线确已空载，负荷侧变压器、电压互感器确已退出。

2）带电作业应在良好天气下进行，作业前须进行风速和湿度测量。风力大于 5 级或湿度大于 80% 时，不宜带电作业。若遇雷电、雪、雨、雾等不良天气，禁止带电作业。带电作业过程中若遇天气突然变化，有可能危及人身及设备安全时，应立即停止工作，撤离人员，恢复设备正常状况或采取临时安全措施。

3）根据 Q/GDW 10520—2016《10kV 配网不停电作业规范》规定，本项目一般无需停用线路重合闸。

4）作业中，绝缘斗臂车绝缘臂的有效绝缘长度应不小于 1.0m。

5）作业中，人体应保持对地不小于 0.4m、对邻相导线不小于 0.6m 的安全距离，如不能确保该安全距离，应采用绝缘遮蔽措施，遮蔽用具之间的重叠部分不得小于 150mm。

6）接 / 断分支线路引线，空载电流大于 5A 时，禁止断引线；空载电流大于 0.1A、小于 5A 时，应使用带电作业消弧开关，在所断线路三相引线未全部拆除前，已拆除的引线应视为有电。

7）作业时，严禁人体同时接触两个不同的电位体；绝缘斗内两人工作时，禁止两人同时接触不同的电位体。

8）待接引线如为绝缘线，剥皮长度应比接续线夹长 2cm，且端头应有防止松散的措施。

9）绝缘斗臂车绝缘斗在有电工作区转移时，应缓慢移动，动作要平稳，严禁使用快速档；绝缘斗臂车在作业时，发动机不能熄火（电能驱动型除外），以保证液压系统处于工作状态。

10）上下传递工具、材料均应使用绝缘绳传递，严禁抛掷。

11）作业过程中禁止摘下绝缘防护用具。

6.3.5 危险点分析及预控措施

1. 绝缘手套作业法带电接支线引线

（1）装置不符合作业条件，带负荷或空载电流越限接引线

1）工作当日到达现场进行复勘时，工作负责人应与运维单位人员共同检查并确认引线后端所有断路器（开关）、隔离开关（刀开关）确已断开，电压互感器、变压器等已退出。

2）空载电流大于 5A 时，禁止接引线；空载电流大于 0.1A，小于 5A 时，应使用带电作业消弧开关。

（2）感应电触电　应将已断开相引线视为有电，控制作业幅度保持足够距离，在采取防感应电措施后方可触及。

（3）作业中引线失去控制引发接地短路或相间短路事故

1）作业中有效控制引线，防止人体串入已断开的引线和干线之间。

2）接引线的正确顺序为"先中间相，再两边相"或"由远及近"。

3）对作业范围内可能触及的所有带电体和接地体进行绝缘遮蔽。

2. 绝缘手套作业法带电断支线引线

（1）设备不符合作业条件，带负荷断引线　工作当日到达现场进行复勘时，工作负责人应与运维单位人员共同检查并确认引线后端所有断路器、隔离开关确已断开，电压互感器、变压器等已退出。

（2）断引线方式的选择应用与支接线路空载电流大小不适应，弧光伤人

1）在签发工作票前，应根据现场勘察记录估算支接线路空载电流以判断作业的安全性。编制现场标准化作业指导书时，应根据估算数据选取合适的作业方式。

2）空载电流大于 5A 时，禁止断引线。

3）空载电流大于 0.1A，小于 5A 时，应使用带电作业消弧开关。

4）在拆引线前，应用钳形电流表测量分支线路引线电流进行验证。

（3）感应电触电　带电断引线时已断开相的引线，应在采取防感应电措施后方可触及。

（4）作业空间狭小，人体串入电路而触电

1）有效控制引线。

2）作业中，防止人体串入已断开的引线和干线之间。

3）断引线的正确顺序为"先两边相，再中间相"或"由近及远"。

4）对作业范围内可能触及的所有带电体和接地体进行绝缘遮蔽。

6.4 绝缘手套作业法带电更换耐张杆绝缘子串

此项作业的意义在于保障电力系统的稳定运行，提高供电可靠性和稳定性。延长电力设备的寿命，减少维修频率和成本。提高电力系统的安全性和可靠性，减少事故风险。其多应用于输电线路、配电线路和变电站等电力设备以及高压电网、电力工程项目和电力设施的维护和保养中。

6.4.1 项目类型及人员分工要求

根据 Q/GDW 10520—2016《10kV 配网不停电作业规范》中"项目分类"的划分，本项目为第二类绝缘手套作业法，填写配网带电作业工作票，适用于 10kV 架空线路带电更换直线杆绝缘子及横担工作。

根据 GB/T 18857—2019《配电线路带电作业技术导则》，本项目人员要求及分工见表 6-5。

表 6-5 人员要求及分工

序号	人员	数量	职责分工
1	工作负责人（监护人）	1 人	负责组织、指挥作业，作业中全程监护，落实安全措施
2	高空作业人员	2 人	负责高空作业
3	地面电工	1 人	负责地面配合作业

6.4.2 主要工器具

根据 Q/GDW 10520—2016《10kV 配网不停电作业规范》，本项目主要工器具配备见表 6-6。

表 6-6 主要工器具配备

序号	工器具名称		型号/规格	单位	数量	备注
1	特种车辆	绝缘斗臂车		辆	1	
2	个人防护用具	绝缘安全帽	10kV	顶	2	
3		普通安全帽		顶	4	
4		绝缘手套	10kV	副	2	戴防护手套
5		绝缘服	10kV	套	2	
6		全身式安全带		副	2	
7		护目镜		副	2	
8	绝缘遮蔽用具	导线遮蔽罩	10kV，1.5m	根	6	
9		引线遮蔽罩	10kV，0.6m	根	6	
10		绝缘毯	10kV	块	若干	
11		绝缘毯夹		只	若干	
12		电杆毯夹		只	4	
13	工器具	绝缘电阻测试仪	2500V 及以上	套	1	
14		通信系统		套	1	

(续)

序号	工器具名称		型号/规格	单位	数量	备注
15	工器具	验电器	10kV	支	1	
16		风速仪		只	1	
17		湿、温度计		只	1	
18		绝缘绳	φ12mm, 15m	根	1	
19		防潮苫布	3m×3m	块	2	
20		卡线器	SKL-2或GK-2	只	2	
21		取销钳		把	2	
22		紧线器		套	1	
23		斗用工具箱	白色	只	2	
24		帆布工具箱		只	1	
25		安全围栏		副	若干	
26		标示牌	"从此进入!"	块	1	
27		标示牌	"在此工作!"	块	2	
28		标示牌	"前方施工,车辆慢行"	块	2	
29		工具袋		个	1	
30	材料和备品、备件	耐张绝缘子	XP-7	片	2	
31		干燥清洁布		块	若干	

部分工器具展示如图 6-20 所示。

导线遮蔽罩

绝缘毯

绝缘毯夹

图 6-20 部分工器具展示

6.4.3 作业步骤

1. 前期准备

1）工作负责人需要核对线路名称和杆塔编号。

2）工作负责人检查作业装置、现场环境、气象条件是否符合施工要求。

3）负责斗内工作的人员（斗内电工）需要查看电杆及拉线是否牢固。

4）工作负责人按照配网带电作业工作票内容与值班调控人员或运维人员联系，办理工作许可手续。

5）在道路上设置安全围栏、警告标志或路障。

6）工作负责人告知工作任务、安全措施，工作班成员签名确认，确认工作班成员精神状态。

7）整理材料，检查绝缘工器具（绝缘工器具需要用绝缘电阻测试仪进行分段绝缘检测，电阻值不低于700MΩ）。

此项作业需要准备的器材有：绝缘斗臂车、绝缘服、绝缘手套、安全帽、绝缘安全帽、绝缘鞋（靴）、绝缘套管、绝缘软管、绝缘毯、绝缘毯夹、绝缘绳、安全带、防刺穿手套、绝缘紧线器、卡线器、悬式绝缘子、常用电工工具等。

2. 作业过程

（1）安装绝缘紧线器及绝缘绳

1）在直导线处安装绝缘套管，在弯曲支线处安装绝缘软管用于导线遮蔽，如图6-21所示，在1号处采用三角包法对耐张线夹进行包裹；在2号处采用糖果包法对瓷瓶进行包裹。

2）先在横担上固定一长一短两根绝缘绳，再对横担用绝缘毯进行包裹并露出部分绝缘绳。

图6-21 安装绝缘紧线器及绝缘绳

3）安装紧线器，使其一端与短绝缘绳相连，打开导线遮蔽罩的包裹，紧线器另一端与第一个卡线器相连，卡线器卡在导线上并转动紧线器使其微微受力；安装第二个卡线器，使其一端与长绝缘绳相连，另一端越过第一个卡线器卡在导线上用作绝缘绳，转动紧线器使其受力。

4）使用一个绝缘绳捆绑固定两根绝缘绳和导线，用以防止瓷瓶滑落；再采用绝缘毯包裹紧线器和卡线器以恢复绝缘。

（2）拆除旧耐张绝缘子串

1）收紧绝缘紧线器，松开图6-22中1号处耐张线夹与2号处绝缘子串的连接，恢复耐张线夹绝缘遮蔽。

2）对带电体有效隔离后，拆除绝缘子串。

（3）安装新耐张绝缘子串

1）安装新耐张绝缘子串，在图 6-23 中 1 号处连接耐张线夹与绝缘子串。

图 6-22　拆除旧耐张绝缘子串

图 6-23　安装新耐张绝缘子串

2）恢复绝缘遮蔽。

（4）拆除绝缘紧线器及绝缘绳

1）作业人员调整至作业工位，缓慢松开绝缘紧线器，将导线荷载转移至耐张杆绝缘子串。

2）确认耐张绝缘子串受力后，拆除绝缘绳和绝缘紧线器，恢复导线及电杆遮蔽措施。

3）按"先装后拆、后装先拆"的原则拆除绝缘毯包裹。

6.4.4　安全注意事项

1）带电作业应在良好天气下进行，风力大于 5 级或湿度大于 80% 时，不宜带电作业。若遇雷电、雪、雹、雨、雾等不良天气，禁止带电作业。带电作业过程中若遇天气突然变化，有可能危及人身及设备安全时，应立即停止工作，撤离人员，恢复设备正常状况或采取临时安全措施。

2）根据 Q/GDW 10520—2016《10kV 配网不停电作业规范》规定，本项目一般无需停用线路重合闸。

3）作业中，绝缘斗臂车绝缘臂的有效绝缘长度应不小于 1.0m，绝缘支杆或撑杆的有效绝缘长度应不小于 0.4m。

4）作业中，人体应保持对地 0.4m 以上、对邻相导线 0.6m 以上的安全距离；如不能确保该安全距离，应采用绝缘遮蔽措施，遮蔽用具之间搭接的部分不得小于 150mm。

5)安装绝缘遮蔽时应按照"由近及远、从下到上、先带电体后接地体"的原则依次进行,拆除时与此相反。

6)若经验电发现横担有电,则禁止继续实施本项作业。

7)用绝缘紧线器收紧导线后,后备保护绳套应收紧固定。

8)拔除、安装耐张线夹与耐张绝缘子串连接的碗头挂板时,横担侧绝缘子串及横担应有严密的绝缘遮蔽措施;在横担上拆除、挂接绝缘子串时,包括耐张线夹等导线侧带电导体应有严密的绝缘遮蔽措施。

9)作业时,严禁人体同时接触两个不同的电位体;绝缘斗内两人工作时,禁止两人同时接触不同的电位体。

10)上下传递工具、材料均应使用绝缘绳传递,严禁抛掷。

11)绝缘斗臂车绝缘斗在有电工作区域转移时,应缓慢移动,动作要平稳;绝缘斗臂车作业时,发动机不能熄火(电能驱动型除外),以保证液压系统处于工作状态。

6.4.5 危险点分析及预控措施

1. 装置不符合作业条件

1)现场勘察时应检查:作业点及两侧电杆埋设深度符合规范、导线在绝缘子串上固定情况良好;耐张横担或抱箍应无锈蚀或机械强度受损的情况。

2)进入带电作业区域后,斗内电工应检查待更换绝缘子串连接可靠,无漏电现象。

2. 导线失去控制,引发导线伤人、接地短路事故

1)紧线时,应密切注意绝缘紧线器等绝缘承力工具的受力情况,导线张力不应超出绝缘承力工具额定能力。

2)紧线后,在更换耐张绝缘子串前,应在紧线用的卡线器外侧安装防止导线脱离的后备保护,并使其轻微受力。

3. 作业空间狭小,人体串入电路而触电

1)收紧导线后,紧线装置的绝缘绳套有效绝缘长度不小于0.4m。

2)后备保护绳有效绝缘长度不小于0.4m。

3)横担、电杆、导线等应遮蔽严密,防止更换绝缘子串时,斗内电工串入相对地的电路中;摘下绝缘子串,应先导线侧,及时恢复导线的绝缘遮蔽后,再横担侧;安装绝缘子串,应先横担侧,及时恢复横担的绝缘遮蔽后,再导线侧。

4)设置耐张绝缘子串的绝缘遮蔽以及更换耐张绝缘子串时,应防止短接绝缘子串。

4. 其他

上下传递设备、材料时,不应与电杆、绝缘斗臂车绝缘斗发生碰撞。

6.5　绝缘手套作业法带电更换直线杆绝缘子

6.5.1　项目类型及人员分工要求

根据 Q/GDW 10520—2016《10kV 配网不停电作业规范》中"项目分类"的划分，本项目为第二类绝缘手套作业法，填写配网带电作业工作票，适用于 10kV 架空线路带电更换直线杆绝缘子及横担工作。

根据 GB/T 18857—2019《配电线路带电作业技术导则》，本项目人员要求及分工见表 6-7。

表 6-7　人员要求及分工

序号	人员	数量	职责分工
1	工作负责人（监护人）	1 人	负责组织、指挥作业，作业中全程监护，落实安全措施
2	高空作业人员	2 人	负责高空作业
3	地面电工	1 人	负责地面配合作业

6.5.2　主要工器具

根据 Q/GDW 10520—2016《10kV 配网不停电作业规范》，本项目主要工器具配备见表 6-8。

表 6-8　主要工器具配备

序号	工器具名称		型号/规格	单位	数量	备注
1	特种车辆	绝缘斗臂车		辆	1	
2	个人防护用具	绝缘安全帽	10kV	顶	2	
3		普通安全帽		顶	4	
4		绝缘手套	10kV	副	2	戴防护手套
5		绝缘服	10kV	套	2	
6		全身式安全带		副	2	
7		护目镜		副	2	
8	绝缘遮蔽用具	导线遮蔽罩	10kV，1.5m	根	若干	绝缘杆专用
9		绝缘毯	10kV	块	若干	
10		绝缘毯夹		只	若干	
11	绝缘工器具	绝缘绳	ϕ12mm，15m	根	1	
12		绝缘操作杆	10kV	根	1	
13		虎钳		把	1	
14		绝缘扳手		把	1	14 寸棘轮扳手等
15		绝缘横担（含支架）	10kV	套	1	
16	其他主要工器具	高压验电器	10kV	支	1	
17		绝缘电阻测试仪	2500V 及以上	只	1	

（续）

序号	工器具名称		型号/规格	单位	数量	备注
18	其他主要工器具	风速仪		只	1	
19		湿、温度计		套	1	
20		通信系统		套	1	
21		防潮苫布	3m×3m	块	1	
22		个人常用安全工具		套	1	
23		安全围栏		副	若干	
24		标示牌	"从此进入！"	块	1	
25		标示牌	"在此工作！"	块	2	
26		标示牌	"前方施工，车辆慢行"	块	2	
27		扎线		卷	1	
28		抱箍	U16-200	副	1	
29		针式绝缘子	P-20T	只	3	

部分工器具展示如图 6-24 所示。

绝缘斗臂车

绝缘安全帽

绝缘服

绝缘手套

安全帽

防护手套

绝缘套鞋

全身式安全带

导线遮蔽罩

绝缘毯

绝缘毯夹

图 6-24 部分工器具展示

6.5.3 作业步骤

1. 前期准备

1）工作负责人需要核对目标,如线路名称、杆号。

2）工作负责人检查作业装置、现场环境、气象条件是否符合施工要求。

3）负责斗内工作的人员(斗内电工)需要查看电杆及拉线是否牢固。

4）工作负责人办理许可手续。

5）在道路上设置路障,如图 6-25 所示。

图 6-25　设置路障

6）工作负责人告知工作任务、安全措施,工作班成员签名确认,确认工作班成员精神状态,如图 6-26 所示。

图 6-26　确认工作

7）整理材料,检查绝缘工器具(绝缘工器具需要用绝缘电阻测试仪进行分段绝缘检测,电阻值不低于 700MΩ)。

2. 作业过程

1）斗内电工穿戴好绝缘防护用具（包括安全帽、绝缘手套、绝缘鞋、防电弧服、防护面罩、防电弧手套等），进入绝缘斗内，挂好安全带保险钩（见图 6-27），操作车辆到达作业位置。

2）斗内电工将绝缘斗调整至带电导线横担下侧适当位置，使用相应电压等级且合格的验电器（见图 6-28 标 1 处）对绝缘子（见图 6-28 标 2 处）、横担（见图 6-28 标 3 处）进行验电，确认无漏电现象，验电时作业人员应与带电导体保持安全距离，验电顺序应由近及远，验电时应戴好绝缘手套，如图 6-28 所示。

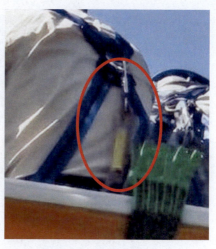

图 6-27　挂好安全带保险钩

图 6-28　验电

3）斗内电工将绝缘斗调整到近边相导线外侧适当位置，按照"从近到远、从下到上、先带电体后接地体"的遮蔽原则对作业范围内的所有带电体和接地体进行绝缘遮蔽，其余两相按相同方法进行遮蔽，绝缘遮蔽次序按照先近边相、再远边相、最后中间相，在对带电体设置绝缘遮蔽隔离措施时，动作应轻缓，对横担、带电体之间应有安全距离。绝缘遮蔽隔离措施应严密、牢固，绝缘遮蔽组合应重叠，如图 6-29 所示。

图 6-29 绝缘遮蔽

4）经过工作负责人许可后，斗内电工拆除绝缘子的遮蔽及绑扎线（见图 6-30），作业人员选择的工位必须恰当，解除扎线时，应将扎线卷成圈，避免过长。

图 6-30 拆除绝缘子绑扎线

5）两导线遮蔽罩重叠后，将导线放置于横担上，如图 6-31 所示。

6）更换绝缘子，如图 6-32 所示。

7）恢复横担的绝缘遮蔽（见图 6-33 标 1 处），将导线移至绝缘子线槽内，将扎丝扎牢（见图 6-33 标 2 处），并恢复绝缘子绝缘遮蔽（见图 6-33 标 3 处）。

第 6 章　中压配网不停电作业技术实训

图 6-31　导线置于横担

图 6-32　更换绝缘子

图 6-33　恢复绝缘并固定导线

8）斗内电工按照"从远到近、从上到下、先接地体后带电体"的原则拆除绝缘遮蔽，如图 6-34 所示。

143

图 6-34　拆除绝缘遮蔽

9）斗内电工检查杆上无遗留物后，返回地面。

6.5.4　安全注意事项

1）带电作业应在良好天气下进行，风力大于 5 级或湿度大于 80% 时，不宜带电作业。若遇雷电、雪、雹、雨、雾等不良天气，禁止带电作业。带电作业过程中若遇天气突然变化，有可能危及人身及设备安全时，应立即停止工作，撤离人员，恢复设备正常状况或采取临时安全措施。

2）根据 Q/GDW 10520—2016《10kV 配网不停电作业规范》规定，本项目一般无需停用线路重合闸。

3）作业中，绝缘斗臂车绝缘臂的有效绝缘长度应不小于 1.0m，绝缘支杆或撑杆的有效绝缘长度应不小于 0.4m。

4）作业中，人体应保持对带电体 0.4m 以上的安全距离；如不能确保该安全距离，应采用绝缘遮蔽措施，遮蔽用具之间搭接的部分不得小于 150mm。

5）安装绝缘遮蔽时，应按照"由近及远、从下到上、先带电体后接地体"的原则依次进行，拆除时与此相反。

6）作业过程中禁止摘下绝缘防护用具。

7）提升导线前及提升过程中，应检查两侧电杆上的导线绑扎线是否牢固，如有松动、脱线现象，应重新绑扎加固后方可进行作业。

8）提升和下降导线时，要缓缓进行，以防止导线晃动，避免造成相间短路。

9）作业时，严禁人体同时接触两个不同的电位体，绝缘斗内两人工作时，禁止两人同时接触不同的电位体。

10）上下传递工具、材料均应使用绝缘绳传递，严禁抛掷。

6.5.5 危险点分析及预控措施

1. 装置不符合作业条件

确认作业装置两侧电杆杆身良好、埋设深度等符合要求,导线在绝缘子上的固结情况良好,避免作业中导线转移时从两侧电杆上脱落;导线应无烧损、断股现象,扎线绑扎牢固,绝缘子表面无明显放电痕迹和机械损伤;横担、抱箍无严重锈蚀、变形、断裂等现象。

斗内电工进入带电作业区域后,应对绝缘子铁脚、铁横担等部位验电,确认无漏电现象。

2. 导线失去控制,引发接地短路事故

1)临时固定并承载导线垂直应力的绝缘横担(绝缘支杆)应安装牢固,机械强度应满足要求。

2)拆除和绑扎线时,应预先采取防止导线失去控制的措施,如用绝缘斗臂车绝缘小吊的吊钩钩住导线,使导线轻微受力。

3)转移导线时不应超出控制能力,如导线的垂直张力不应超过绝缘斗臂车小吊臂在相应起吊角度下的起重能力。

4)转移导线时,应有后备保护。

5)转移后的导线应作妥善固定。

3. 作业空间狭小,人体串入电路而触电

1)拆除和绑扎线时,绝缘子铁脚和铁横担遮蔽应严密,且扎线的展放长度不大于10cm。

2)带电体与接地体应遮蔽严密,搭接的部分不小于15cm。

3)使用小吊法时,导线提升高度应不少于0.4m。

4. 其他

上下传递设备、材料时,不应与电杆、绝缘斗臂车绝缘斗发生碰撞。

6.6 绝缘手套作业法直线杆改耐张杆

在10kV配电线路在运行过程中,由于负荷变化和外界环境因素的影响,导线会产生一定的张力,而传统的直线杆在承受张力时会存在一定的危险,可能导致杆塔倾倒或导线脱落等安全问题。为降低因上述原因导致的大范围停电影响,提高供电可靠性,需要进行旁路带电作业,而挂旁路电缆必须是耐张杆,实际工作中则多遇到的是直线杆,为解决这个问题,就需要带电将直线杆改成耐张杆。

6.6.1 人员要求及分工

根据GB/T 18857—2019《配电线路带电作业技术导则》,本项目人员要求及分工见表6-9。

表 6-9　人员要求及分工

序号	人员	数量	职责分工
1	工作负责人	1人	负责组织、指挥作业,作业全程监护,落实安全措施
2	地面人员	2人	负责传递工器具、材料和现场管理
3	斗内作业人员	4人	两人负责操作,两人协助作业

6.6.2　主要工器具

根据 Q/GDW 10520—2016《10kV 配网不停电作业规范》,本项目主要工器具配备见表 6-10。

表 6-10　主要工器具配备

序号	工器具名称		型号/规格	单位	数量	备注
1	特种车辆	绝缘斗臂车		辆	2	
2	个人防护用具	绝缘安全帽	10kV	顶	4	
3		绝缘防护绳		条	1	两头带有卡子
4		绝缘手套	10kV	副	4	
5		绝缘服	10kV	套	4	
6		护目镜		副	4	
7		绝缘披肩		件	4	
8		绝缘鞋	10kV	双	4	
9	绝缘遮蔽用具	导线遮蔽罩	10kV,1.5m	条	8	
10		绝缘毯	10kV	块	10	
11		绝缘毯夹		只	20	
12	绝缘工器具	绝缘绳	ϕ12mm,15m	根	2	
13		绝缘断流钳		根	1	
14		绝缘扳手		根	2	
15		绝缘卡线钩		根	2	
16		绝缘引线		条	1	
17		绝缘千斤		副	2	
18		紧线器		副	2	
19	其他主要工器具	耐张杆横担		套	1	包括金具、绝缘子、辅材
20		线夹工具		套	1	
21		高压验电器	10kV	支	1	
22		绝缘电阻测试仪	2500V 及以上	套	1	
23		风速仪		只	1	
24		湿、温度计		套	1	
25		通信系统		套	1	

（续）

序号	工器具名称	型号/规格	单位	数量	备注
26	其他主要工器具	个人常用安全工具	套	1	
27		安全围栏	副	1	
28		标示牌	"从此进入！"	块	1	
29		标示牌	"在此工作！"	块	1	
30		标示牌	"前方施工，车辆慢行"	块	1	
31	材料和备品、备件	导线	条	若干	
32		扎线	条	若干	
33		线夹	套	6	
34		导电脂	支	1	

6.6.3 作业步骤

1. 前期准备

1）作业人员对工器具及材料检查并装设好安全围拦网、标志，如图6-35所示。

图6-35 设置路障，试操作检查

2）工作负责人检查作业点两端导线的固定情况。

3）绝缘斗臂车停放至预定位置，并试操作检查。

4）测量三相导线电流，确认不超过绝缘引线的额定电流，满足运行要求。

2. 作业过程

1）对导线、直线杆绝缘子和横担按照"从近到远、从下到上、从带电体到接地体"的原则进行绝缘遮蔽。高压配电线路带电作业时，作业区域带电导线、绝缘子等应采取相间、相对地的绝缘遮蔽及隔离措施，如图6-36所示。

2）安装耐张杆的横担及悬式绝缘子、跳线支撑绝缘子，并对新安装的横担及绝缘子进行绝缘遮蔽，如图6-37所示。

图 6-36 绝缘遮蔽

图 6-37 更换绝缘子

3）开断边相导线：

① 边相导线下放至耐张杆横担上。

② 安装紧线器并固定悬式绝缘子，安装后收紧，保持适当受力，如图 6-38 所示。

图 6-38 安装紧线器

③ 安装绝缘引线。
④ 分别收紧边相导线紧线器和绝缘绳,如图 6-39 所示。
⑤ 在钳断导线处两端分别用绝缘卡线钩固定好,钳断导线并做终端头。
⑥ 安装通流跳线,并验证确认连接牢固、分流有效,如图 6-40 所示。

图 6-39 收紧导线

图 6-40 安装通流跳线

⑦ 拆除绝缘引线,恢复本相绝缘遮蔽、隔离,如图 6-41 所示。
⑧ 参考上述步骤,开断另一边相导线。
4)开断中间相导线,并立即对带电导线及其新横担进行绝缘遮蔽。
5)拆除旧横担及绝缘子,拆除时先拆除绝缘子再拆除横担。
6)工作完毕,检查导线和杆上无遗留物后拆除绝缘遮蔽,返回地面,如图 6-42 所示。

图 6-41 恢复遮蔽

图 6-42 工作完毕

3. 作业结束

1)工作负责人组织工作人员清点工器具,并清理施工现场。
2)工作负责人对完成的工作进行全面检查,符合验收规范要求后,记录在册,并召开现场收工会进行工作点评,宣布工作结束。
3)向值班调控人员汇报工作已经结束,工作班撤离现场。

6.6.4 安全注意事项

1）绝缘引线载流能力应满足设备运行要求。绝缘引线安装前，作业人员必须与监护人共同确认绝缘引线两端相位无误，以免引起相间短路。

2）带电作业必须在良好天气条件下进行，作业前务必进行风速和湿度测量。当风力大于 5 级或湿度大于 80% 时，严禁进行带电作业。若遇到雷电、雪、雹、雨、雾等不良天气，应立即停止带电作业。在带电作业过程中，若天气突然变化，有可能危及人身及设备安全时，必须立即停止工作，迅速撤离人员，及时恢复设备正常状况或采取有效的临时安全措施。

3）作业人员应始终保持对带电体的安全距离，如不能确保该安全距离，必须立即采用可靠的绝缘遮蔽措施，且遮蔽用具之间的重叠部分不得小于规定值，以有效防止触电事故的发生。

4）开断导线不得两相及以上同时进行。

5）拆搭绝缘引线以及拆装横担的过程应当保持平稳、牢固。

6.6.5 危险点分析及预控措施

1. 装置不符合作业条件

工作当日到达现场后，进行现场复勘时，工作负责人应与运维单位人员共同仔细检查并确认引线负荷侧开关确已断开，电压互感器、变压器等已退出运行，相位正确，线路无人工作，确保装置符合作业要求。

2. 横担受力方式的改变

直线杆主要受导线的垂直应力，而耐张杆除受导线的垂直应力外还受导线的不平衡张力，由于这种受力方式的改变，可能导致杆塔朝向线路侧倾倒，造成线路倒杆断线故障，鉴于这种危害，只要在沿线路方向安装永久拉线，即可防止倒杆。

3. 导线弧垂的改变

直线杆改耐张杆后，由于耐张引线的出现，往往会减少导线的弧垂，导线的水平应力和跨越距离都会发生改变，存在发生断线及跨越距离不够而放电等隐患。应当在作业之前通过计算，在导线的相应位置做好标记，以防止线路的弧垂发生改变。

6.7 绝缘手套作业法带电更换柱上开关或隔离开关

6.7.1 项目类型及人员分工要求

根据 Q/GDW 10520—2016《10kV 配网不停电作业规范》中"项目分类"的划分，本项目为第二类绝缘手套作业法，填写配网带电作业工作票，适用于 10kV 架空线路带电更换柱上开关现场操作。

根据 GB/T 18857—2019《配电线路带电作业技术导则》，本项目人员要求及分工见表 6-11。

表 6-11　人员要求及分工

序号	人员	数量	职责分工
1	工作负责人（监护人）	1 人	负责组织、指挥作业，作业中全程监护，落实安全措施
2	斗内作业人员	2 人	负责斗内作业
3	地面电工	1 人	负责地面配合作业
4	杆上电工	1 人	负责配合斗内电工吊装柱上开关

6.7.2　主要工器具

根据 Q/GDW 10520—2016《10kV 配网不停电作业规范》，本项目主要工器具配备见表 6-12。

表 6-12　主要工器具配备

序号	工器具名称		型号/规格	单位	数量	备注
1	特种车辆	绝缘斗臂车		辆	1	
2	个人防护用具	绝缘安全帽	10kV	顶	2	
3		普通安全帽		顶	4	
4		绝缘手套	10kV	双	2	戴防护手套
5		绝缘服	10kV	套	2	
6		全身式安全带		副	2	
7	绝缘遮蔽用具	导线遮蔽罩	10kV, 1.5m	根	若干	
8		引线遮蔽罩	10kV, 0.6m	根	若干	
9		绝缘毯	10kV	块	若干	
10		绝缘毯夹		只	若干	
11	绝缘工器具	绝缘绳	ϕ12mm, 15m	根	1	
12		绝缘绳套	0.5m	根	4	吊装柱上开关
13		绝缘绳套	0.8m	根	6	固定引线
14		绝缘操作杆	10kV	根	1	
15		高压验电器	10kV	支	1	
16		绝缘电阻测试仪	2500V 及以上	套	1	
17	其他主要工器具	风速仪		只	1	
18		湿、温度计		套	1	
19		通信系统		套	1	
20		防潮苫布	3m×3m	块	1	
21		个人工具		套	2	
22		安全围栏		副	若干	
23		个人工具箱		只	1	
24		标示牌	"在此工作！"	块	1	
25		标示牌	"从此进入！"	块	1	
26	材料和备品、备件	柱上开关	OFG-12ERA-A	套	1	

6.7.3 作业步骤

1. 前期准备

1）工作负责人现场勘查。

2）进行危险点预控分析并制定方案。

3）填写工作票。

4）由工作负责人指定班组成员准备工器具和材料。对绝缘工器具进行外观检查、核对数量，并用5000V绝缘电阻表测量绝缘电阻，阻值应大于700MΩ，测量点距离2cm；核对材料型号和数量。指定专人检查斗臂车。

5）工作负责人执行工作许可制度。工作负责人提交工作票、现场作业指导书，工作许可人在工作票上签字、许可开始工作；工作负责人与调度联系，获得调度工作许可，确定作业线路重合闸已退出。

必须注意的是：

① 对于多回线路，必要时应同时停用重合闸。

② 对于作业点联络开关，应同时停用两侧线路的重合闸。

6）工作负责人现场复勘。工作负责人核对工作线路双重命名、杆号，检查环境是否符合作业要求，检查线路装置是否具备带电作业的条件。

7）工作负责人检查气象条件：

① 天气应良好，无雷、雨、雪、雾。

② 气温：15~35℃；风力：5级。

③ 空气相对湿度：小于80%。

④ 检查工作票所列安全措施是否齐全，必要时在工作票上补充安全技术措施。

8）工作负责人召开现场站班会，宣读工作票，讲解作业方案，交代安全注意事项，交代危险点及控制措施，布置工作任务、现场考查、确认签字。

危险点告知：误登杆塔、人身触电、线路接地或跳闸、人体串入电路、人身高空坠落、高空坠物伤人、天气突变。控制措施：工作前核对线路"三号"，进行现场风速、温湿度检测，工作人员穿戴合格的防护用具，斗内作业人员应系好安全带，作业过程中注意天气变化，遮蔽措施牢固严密，人体与带电体、接地体距离保持在0.4m及以上，不得同时接触带电体与接地体，导线升起高度距绝缘子顶部不小于0.4m，绑、拆扎线时展放长度不得大于0.1m，上下传递物件应使用绝缘绳索。

9）布置工作现场：工作现场设置安全护栏、作业标志和相关警示标志；检查安全围栏设置是否完善，作业标志和相关警示标志是否齐全，注意警示标示向外；将所有的工器具、材料放置在指定的场外防潮垫上，并清点检查数量无误，绝缘工器具及防护用具合格试验标志齐全、清晰；工作负责人检查作业人员着装符合要求（所有人穿着工作服、绝缘鞋、戴护目镜，工作负责人穿着红马甲，着装整齐）；工作负责人负责工作票、现场作业指导书检查。

工作现场布置如图 6-43 所示。

a) 安全护栏及警示标志

b) 现场站班会

图 6-43 工作现场布置

10）斗臂车操作人员停放绝缘斗臂车：

① 斗臂车操作人员将绝缘斗臂车停放到最佳位置：应便于绝缘斗臂车工作斗达到作业位置，避开附近电力线和障碍物；避免停放在沟道盖板上；软土地面应使用垫块或枕木，垫放时垫板重叠不超过 2 块，呈 45° 角；停放位置如为坡地，坡度不大于 7°，绝缘斗臂车车头应朝下坡方向停放。

② 斗臂车操作人员操作绝缘斗臂车，支腿：支腿顺序应正确；H 形支腿的车型应先伸出水平支腿，再伸出垂直支腿；在坡地停放，应先支前支腿，后支后支腿；支撑应到位，车辆前后、左右呈水平；H 形支腿的车型四轮应离地。坡地停放调整水平后，车辆前后高度应不大于 3°。

③ 斗臂车操作人员将绝缘斗臂车可靠接地，临时接地体埋深应不小于 0.6m。

11）工作负责人组织班组成员检查工器具。班组成员对绝缘工器具及绝缘子进行擦拭及外观检查，绝缘工具应无变形损坏，操作灵活，测量准确；个人安全防护用具和遮蔽、隔离用具应无针孔、砂眼、裂纹；检查绝缘安全带外观，并做冲击试验。检查人员应戴清洁、干燥的手套，使用 2500V 绝缘电阻测试仪对绝缘工器具及安全工器具进行表面绝缘电阻检测，阻值不低于 700MΩ。对绝缘子进行绝缘电阻测试，阻值不低于 300MΩ。正确使用绝缘电阻测试仪，测量电极应符合规程要求，对于 2cm 电极或电极间宽度，绝缘摇测电极大于 700MΩ 才算合格。

12）斗臂车操作人员检查绝缘斗臂车表面状况，绝缘部分应清洁、无裂纹损伤；进行空斗试操作，应有回转、升降的过程，确认液压、机械、电气系统正常可靠，制动装置可靠。

13）斗内作业人员进入绝缘斗臂车工作斗：

① 斗内作业人员应戴好绝缘帽、绝缘手套等个人安全防护用具。

② 斗内作业人员携带工器具进入工作斗，将工器具分类放置在斗中和工具袋中，金属材料、化学物品、金属部分超出工作斗的绝缘工器具禁止带入工作斗。

③ 斗内作业人员系好绝缘安全带，应系在斗内专用挂钩上，对三相隔离开关上下桩头、横担及开关出线侧进行验电。验电时，必须戴绝缘手套，人身与带电体和接地体的距离不得小于0.7m。

2. 作业过程

1）到达作业位置。斗内电工穿戴好绝缘防护用具，进入绝缘斗内，挂好安全带保险钩，如图6-44所示。

2）验电。1号电工对三相隔离开关桩头、引线、绝缘子、横担验电，与带电体和接地体的距离不得小于0.7m。

3）设置三相绝缘遮蔽。1号、2号电工转移工作斗至工作位置，依次对近边相、中间相、远边相导线、引线、耐张线夹、悬式绝缘子及隔离开关带电部位（互相配合）设置绝缘遮蔽。1号、2号电工转移工作斗至工作位置，互相配合依次对接地体 [横担（横担遮蔽罩与绝缘毯配合使用：1号电工在外侧、2号电工在内侧）、电杆、斜撑铁、隔离开关底座] 设置绝缘遮蔽。转移工作斗时应注意绝缘斗臂车周围杆塔、线路等情况，绝缘臂的金属部位与带电体和地电位物体的距离大于1m；斗内作业人员与地面作业人员传递绝缘工器具时，应使用绝缘吊绳，并捆绑牢固，防止高空落物；斗内作业人员设置绝缘遮蔽时必须戴绝缘手套，并应注意站位，在设置绝缘遮蔽时与地电位物体应保持足够安全距离（0.4m）；引线遮蔽罩与隔离开关遮蔽罩的重叠部分应大于15cm；绝缘遮蔽原则是先近后远、先下后上、先大后小，如图6-45所示。

图6-44　到达作业位置

图6-45　安装绝缘遮蔽

4）带电更换柱上隔离开关的操作步骤：

① 1号、2号电工调整工作斗至中间相隔离开关下侧合适位置，配合拆除隔离开关带电部位的绝缘遮蔽。

② 1号电工使用绝缘操作杆拉开中间相隔离开关。

③ 1号、2号电工用棘轮扳手分别解开隔离开关两侧接线端子。

④ 拆除隔离开关底座遮蔽措施，将隔离开关拆下（使用专用扳手），由2号电工吊至地面，与地面电工配合吊上新的隔离开关，2号电工配合1号电工安装好隔离开关，然后恢复隔离开关接地部分的绝缘遮蔽。

⑤ 1号、2号电工将两侧引线分别固定在同侧、同相位隔离开关桩头上，恢复隔离开关带电部分的绝缘遮蔽。

⑥ 2号电工用钳形电流表测量负荷侧引线是否符合通流要求。

注意： 不能露出接地部分，用力均匀；引线固定在同侧、同相位导线上，并进行绝缘遮蔽，避免与邻相带电体碰触，固定可靠；用绝缘操作杆对隔离开关试拉试合三次；合上隔离开关，引线连接应牢固可靠，隔离开关合上位置应符合要求，接线端子与开关桩头处涂抹导电膏；负荷侧引线电流一般为线路电流的1/2；更换时应注意电工、工作斗与边相带电体（导线、绝缘子、隔离开关）、接地体（横担、电杆）之间保持足够的安全距离；上下传递物品时应使用绝缘绳，绝缘绳离地面不得小于0.5m。

5）拆除旁路引线。1号、2号电工调整工作斗至中间相导线合适位置，分别拆除旁路引线。拆除前必须征得安全监护人的同意；拆除后迅速恢复原绝缘遮蔽，如图6-46所示。

图6-46　拆除旁路引线

6）远边相、近边相隔离开关与中间相隔离开关按照相同的方法完成更换。

7）带电更换柱上开关的操作步骤：

① 电工爬至合适位置，将柱上负荷开关两侧引线从主导线拆开，并妥善固定。恢复主导线处绝缘遮蔽，如图 6-47 所示。

② 其余两相开关引线按照相同的方法拆除。

③ 杆上电工安装绳索，一处绳索负责吊起柱上开关，另一处绳索为安全绳，防止柱上开关晃动造成安全隐患，如图 6-48 所示。

图 6-47 爬至合适位置

图 6-48 牵引绳索

④ 杆上电工拆除负荷开关固定螺栓，使负荷开关安全脱离固定支架，如图 6-49 所示。

图 6-49 拆除柱上负荷开关

⑤ 杆上电工与地面电工相互配合,缓慢将柱上负荷开关放置到地面,如图 6-50 所示。

图 6-50　缓慢放下已拆除的柱上负荷开关

⑥ 地面电工准备好新的柱上负荷开关,通过牵引绳索缓慢将柱上负荷开关升至适当位置,杆上电工安装新的柱上负荷开关,如图 6-51 所示。

图 6-51　安装新的柱上负荷开关

⑦ 确认无误后,将中间相两侧引线接至中间相主导线上,恢复新安装的柱上负荷开关的绝缘遮蔽,如图 6-52 所示。

图 6-52 接引线

⑧ 其余两相柱上负荷开关引线按照相同的方法搭接。

⑨ 安装结束，按照"从远到近、从上到下、先接地体后带电体"的原则拆除绝缘遮蔽。拆除杆上绝缘遮蔽时应按照"先中间相、再远边相、最后近边相"的顺序依次进行。

作业人员返回地面。

3. 作业结束

1）工作负责人组织工作人员清点工器具，并清理施工现场。

2）工作负责人对完成的工作进行全面检查，符合验收规范要求后，记录在册，并召开现场收工会进行工作点评，宣布工作结束。

3）汇报值班调控人员工作结束，工作班撤离现场。

6.7.4 安全注意事项

1）上下传递物品时应使用绝缘绳，绝缘绳离地面不得小于 0.5m。

2）引线应固定牢固，防止起吊柱上开关时碰触。

3）斗内作业人员设置绝缘遮蔽时，必须穿戴绝缘手套及个人防护用具，遮蔽措施应牢固严密，并应注意站位，与邻相带电体、接地体保持不小于 0.4m 的安全距离。

4）安装远边相旁路引线。绝缘斗臂车 1 号、2 号斗内电工相互配合安装远边相旁路引线，引线与主线联接 T 接点应牢固可靠，并做好绝缘遮蔽，旁路引线应使用 S 钩牢固固定。

5）安装绝缘隔离。斗内电工将绝缘斗调整至适当位置，视情况对需隔离的设备进行绝缘隔离。

6）安装近边相旁路引线。绝缘斗臂车 1 号、2 号斗内电工相互配合安装近边相旁路引线。

7）负荷电流测量。3 号斗内电工转移工作斗至三相隔离开关进线侧下方适当位置，使用钳形电流表分别对三相隔离开关、旁路引线进行电流测量，并核实电流值应一致。

8）断开柱上开关。电工转移工作斗至开关下方适当位置，使用操作杆拉开柱上开关。斗内电工拉开开关时，必须穿戴绝缘手套及个人防护用具，应注意站位，并保持不小于 1m 的安全距离。

9）拉开隔离开关。1 号斗内电工转移工作斗至隔离开关下方适当位置，2 号斗内电工使用操作杆分别拉开三相隔离开关。

10）安装柱上开关绝缘隔板。1 号、3 号斗内电工转移工作斗分别至近边相柱上开关两侧，相互配合安装柱上开关出线侧绝缘隔板，并做好桩头绝缘遮蔽。绝缘遮蔽应牢固严密，安装时相与相之间保持不小于 0.4m 的安全距离。

11）拆除开关出线侧引线。1 号、3 号斗内电工分别转移工作斗至开关近边相适当位置，2 号、3 号斗内电工分别拆除开关边相引线并固定在本相主导线上，做好绝缘遮蔽，引线应固定牢靠。1 号斗内电工转移工作斗至开关中间相出线侧引线适当位置，2 号斗内电工拆除中间相引线并固定在本相主导线上，做好绝缘遮蔽，引线应固定牢靠。1 号斗内电工转移工作斗至开关近边相，3 号斗内电工转移工作斗至开关远边相，分别拆除开关进线桩头引线并将引线固定至杆身。

12）拆除开关进线侧引线。1 号、3 号斗内电工分别转移工作斗至开关近边相适当位置，2 号、3 号斗内电工分别拆除开关两边相进线侧引线并固定牢固，1 号斗内电工转移工作斗至开关中间相进线侧引线适当位置，2 号斗内电工拆除中间相引线并固定牢固，引线应固定牢靠。

13）更换柱上开关。3 号斗内电工转移工作斗至开关上方适当位置，调整吊臂放下吊绳，1 号斗内电工转移工作斗至开关侧适当位置，安装吊绳并可靠挂入吊钩，2 号斗内电工拆除开关底座固定螺栓，3 号斗内电工缓慢起吊，平稳转动将开关移至地面。将新开关吊至开关架，2 号斗内电工安装开关底座固定螺栓，拆除吊钩。①转移工作斗时应注意绝缘斗臂车周围杆塔、线路等情况，绝缘臂的金属部位与带电体和地电位物体的距离大于 1m；②起吊开关时，斗内电工应防止碰触带电体与接地体，吊绳上下应匀速起吊（不得大于 0.5m/s），斗内电工应注意站位；③更换柱上开关时，斗内作业人员与带电体、接地体保持足够的安全距离（0.4m）。

14）恢复开关进线侧引线。1 号斗内电工转移工作斗至开关中间相进线侧引线适当位置，2 号斗内电工安装中间相引线，引线桩头应固定牢靠，1 号、3 号斗内电工分别转移工作斗至开关近边相适当位置，2 号、3 号斗内电工分别安装开关两边相进线侧引线，引线桩头应固定牢靠。

15）安装柱上开关绝缘隔板。1号、3号斗内电工转移工作斗分别至近边相柱上开关两侧，相互配合安装柱上开关出线侧绝缘隔板并做好桩头绝缘遮蔽。绝缘遮蔽应牢固严密，安装时相与相之间保持不小于0.4m的安全距离。

16）安装柱上开关出线侧引线。1号斗内电工转移工作斗至开关中间相出线侧引线适当位置，2号斗内电工安装中间相引线，桩头应固定牢靠，并做好中间相引线桩头绝缘遮蔽，1号、3号斗内电工分别转移工作斗至开关近边相适当位置，2号、3号斗内电工分别安装开关边相引线，桩头应固定牢靠。

17）合上隔离开关。1号斗内电工转移工作斗至隔离开关下方适当位置，2号斗内电工使用操作杆分别合上三相隔离开关。隔离开关触头连接应紧密牢固。

18）合上柱上开关。3号斗内电工转移工作斗至开关下方适当位置，使用操作杆合上柱上开关。斗内电工合上开关时，必须穿戴绝缘手套及个人防护用具，应注意站位，并保持不小于1m的安全距离。

19）负荷电流测量。1号斗内电工转移工作斗至三相隔离开关进线侧下方适当位置，使用钳形电流表分别对三相隔离开关、旁路引线进行电流测量，并核实电流值应一致。测量电流时应注意站位，与邻相带电体保持不小于0.4m的安全距离。

20）拆除近边相旁路引线。1号、2号斗内电工转移工作斗至边相适当位置，2号、3号斗内电工相互配合同时拆除近边相两侧旁路引线，并恢复近边相两侧绝缘遮蔽。

21）拆除中间相旁路引线。1号、2号斗内电工转移工作斗至中间相适当位置，2号、3号斗内电工相互配合同时拆除中间相两侧旁路引线，并拆除中间相两侧绝缘遮蔽。

22）拆除绝缘遮蔽。1号、2号斗内电工转移工作斗至中间相适当位置，2号、3号斗内电工相互配合拆除两边相两侧绝缘遮蔽（拆除顺序：先远边相、中间相、近边相，先接地体后带电体）。

23）撤离杆塔。1号斗内电工检查装置符合运行要求，确认无遗留物后，撤离有电区域，返回地面时，1号斗内电工下降工作斗的速度不得大于0.5m/s，并应注意绝缘斗臂车周围杆塔、线路等情况。

6.7.5 危险点分析

1）重合闸造成的系统过电压或对作业人员造成的二次伤害。

2）误登杆塔。

3）天气突变。

4）人身触电（主要包括作业过程中误操作，同时接触不同相带电体，或同时接触带电体和接地体）。

5）线路跳闸（主要指作业过程中因操作方法失误、带电作业工具损伤、受潮、脏污，绝缘工具有效绝缘长度、各类安全距离不能满足规程要求等造成的单相接地或相间短路跳闸事故）。

6）人体串入电路。

7）人身高空坠落。

8）高空落物对人身造成的意外伤害。

6.8 绝缘手套作业法带电更换熔断器

6.8.1 项目类型及人员分工要求

根据 Q/GDW 10520—2016《10kV 配网不停电作业规范》中"项目分类"的划分，本项目为第二类绝缘手套作业法，填写配网带电作业工作票，适用于 10kV 架空线路更换跌落式熔断器。

根据 GB/T 18857—2019《配电线路带电作业技术导则》，本项目人员要求及分工见表 6-13。

表 6-13 人员要求及分工

序号	人员	数量	职责分工
1	工作负责人（监护人）	1人	负责组织、指挥作业，作业中全程监护，落实安全措施
2	斗内作业人员	2人	负责斗内作业
3	地面电工	1人	负责地面配合作业

6.8.2 主要工器具

根据 Q/GDW 10520—2016《10kV 配网不停电作业规范》，本项目主要工器具配备见表 6-14。

表 6-14 主要工器具配备

序号	工器具名称		型号/规格	单位	数量	备注
1	特种车辆	绝缘斗臂车		辆	1	
2	个人防护用具	绝缘安全帽	10kV	顶	2	
3		普通安全帽		顶	4	
4		绝缘手套	10kV	双	2	戴防护手套
5		绝缘服	10kV	套	2	
6		全身式安全带		副	2	
7		护目镜		副	2	
8	绝缘遮蔽用具	导线遮蔽罩	10kV，1.5m	根	若干	
9		引线遮蔽罩	10kV，0.6m	根	若干	
10		熔断器遮蔽罩	10kV	个	3	

（续）

序号	工器具名称		型号/规格	单位	数量	备注
11	绝缘遮蔽用具	绝缘毯	10kV	块	若干	
12		绝缘毯夹		只	若干	
13	绝缘工器具	绝缘绳	ϕ12mm，15m	根	1	
14		绝缘锁杆	1.4m	根	1	装有双沟线夹
15		绝缘扳手		套	1	14寸棘轮扳手等
16	其他主要工器具	高压验电器	10kV	支	1	
17		绝缘电阻测试仪	2500V及以上	套	1	
18		风速仪		只	1	
19		湿、温度计		套	1	
20		通信系统		套	1	
21		防潮苫布	3m×3m	块	1	
22		个人常用安全工具		套	1	
23		安全围栏		副	若干	
24		标示牌	"从此进入！"	块	1	
25		标示牌	"在此工作！"	块	2	
26		标示牌	"前方施工，车辆慢行"	块	2	
27	材料和备品、备件	跌落式熔断器	RW-12	组	1	

部分工器具展示，如图6-53所示。

a) 绝缘斗臂车

b) 绝缘套管

c) 绝缘毯

d) 绝缘杆

e) 绝缘毯夹

图6-53 部分工器具展示

6.8.3 作业步骤

1. 前期准备

（1）现场复勘

1）工作负责人核对线路名称、杆号。

2）工作负责人检查气象条件。

3）斗内电工检查电杆根部、基础、埋深和拉线情况。

4）工作负责人检查作业装置和现场环境符合带电作业条件，确认待接引线下方无负荷，负荷侧变压器、电压互感器确已退出，跌落式熔断器确已断开，熔管已取下，待断引线确已空载。

（2）工作负责人履行工作许可制度　工作负责人按配网带电作业工作票内容与值班调控人员或运维人员联系，办理工作许可手续。

（3）布置工作现场

1）绝缘斗臂车停到合适位置，并可靠接地。

2）根据道路情况设置安全围栏、警告标志或路障。

（4）现场站班会

1）工作负责人对工作班成员进行工作任务、安全措施交底和危险点告知，确认每一个工作班成员都已签名。

2）工作负责人检查工作班成员精神状态是否良好，人员变动是否合适。

（5）工器具和材料检查　整理材料，检查绝缘工器具，使用绝缘电阻测试仪分段检测绝缘电阻，绝缘电阻值不低于 $700M\Omega$，并检查新跌落式熔断器绝缘电阻是否良好。

2. 作业过程

（1）到达作业位置

1）斗内电工穿戴好绝缘防护用具，进入绝缘斗，挂好安全带保险钩。

2）斗内电工将绝缘斗调整至适当位置。

（2）验电　斗内电工将绝缘斗调整至适当位置，使用验电器依次对导线、绝缘子、横担、跌落式熔断器进行验电，确认无漏电现象。

（3）设置三相绝缘遮蔽

1）斗内电工将绝缘斗调整至近边相导线外侧适当位置，按照"从近到远、从下到上、先带电体后接地体"的遮蔽原则对作业范围内的所有带电体和接地体进行绝缘遮蔽，遮蔽顺序为先装上绝缘挡板，再套绝缘套管，最后夹上绝缘毯夹，如图 6-54 所示。

2）其余两相绝缘遮蔽按相同方法进行。三相熔断器遮蔽顺序应先两边相、再中间相，换相作业应得到监护人的许可，如图 6-55 所示。

图 6-54　现场操作 1

图 6-55　现场操作 2

（4）断引线

1）斗内电工调整绝缘斗至近边相合适位置，使用绝缘锁杆锁住引线端头，以最小范围打开绝缘遮蔽，然后拆除线夹，如图 6-56 所示。

2）其余两相熔断器上引线按相同方法拆除。三相熔断器上引线的拆除顺序应先两边相、再中间相，如图 6-57 所示。

（5）更换跌落式熔断器　斗内电工对新安装的熔断器进行分合情况检查，最后将熔断器置于拉开位置，连接好下引线，如图 6-58 所示。

第 6 章 中压配网不停电作业技术实训

图 6-56 现场操作 3

图 6-57 现场操作 4

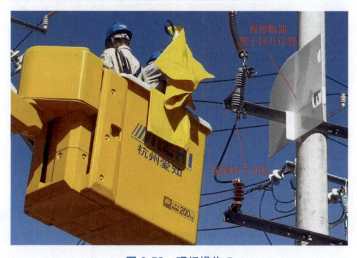

图 6-58 现场操作 5

（6）接引线　斗内电工调整工作位置后，恢复中间相引线与主导线的连接。跌落式熔断器三相上引线与主导线的接入顺序可按"由复杂到简单，先难后易"的原则进行，先中间相，再远边相，最后近边相，也可视现场实际情况从远到近依次进行，如图 6-59 所示。

图 6-59　现场操作 6

（7）工作完成　工作结束后，按照"从远到近、从上到下、先接地体后带电体"的原则拆除绝缘遮蔽，绝缘斗退出带电工作区域，作业人员返回地面，如图 6-60 所示。

图 6-60　现场操作 7

3. 作业结束

1）工作负责人组织工作人员清点工器具，并清理施工现场。

2）工作负责人对完成的工作进行全面检查，符合验收规范要求后，记录在册，并召开现场收工会进行工作点评，宣布工作结束，如图 6-61 所示。

图 6-61　现场操作 8

3）向值班调控人员汇报工作已经结束，工作班撤离现场。

6.8.4　安全注意事项

1）带电作业应在良好天气下进行，风力大于 5 级或湿度大于 80% 时，不宜进行带电作业。若遇雷电、雪、雹、雨、雾等不良天气，禁止带电作业。带电作业过程中若遇天气突然变化，有可能危及人身及设备安全时，应立即停止工作，撤离人员，恢复设备正常状况或采取临时安全措施。

2）根据 Q/GDW 10520—2016《10kV 配网不停电作业规范》规定，本项目需停用线路重合闸。

3）作业中，绝缘斗臂车绝缘臂的有效绝缘长度应不小于 1.0m。

4）作业中，人体应保持对带电体 0.4m 以上的安全距离；如不能确保该安全距离，应采用绝缘遮蔽措施，遮蔽用具之间的重叠部分不得小于 150mm。

5）安装绝缘遮蔽时应按照"从近到远、从下到上、先带电体后接地体"的原则依次进行，拆除时与此相反。

6）作业过程中禁止摘下绝缘防护用具。

7）作业人员在接触带电导线和换相作业前应得到工作监护人的许可。

8）作业时，严禁人体同时接触两个不同的电位体，绝缘斗内两人工作时，禁止两人同时接触不同的电位体，并禁止两人同时开展不同相作业。

9）上下传递工具、材料均应使用绝缘绳传递，严禁抛掷。

10）绝缘斗臂车绝缘斗在有电工作区域转移时，应缓慢移动，动作要平稳；绝缘斗臂车作业时，发动机不能熄火（电能驱动型除外），以保证液压系统处于工作状态。

6.8.5　危险点分析及预控措施

1. 装置不符合作业条件，带负荷断、接引线

工作当日到达现场进行现场复勘时，工作负责人应与运维单位人员共同检查并确认跌落式熔断器确已断开，电压互感器、变压器等已退出。

2. 接引线方式的选择与支接线路空载电流大小不适应，弧光伤人

在签发工作票前，应根据现场勘察记录估算支接线路空载电流以判断作业的安全性。编制现场标准化作业指导书时，应根据估算数据选取合适的作业方式：

1）空载电流大于 5A 时，禁止接引线。
2）空载电流大于 0.1A、小于 5A 时，应使用带电作业消弧开关。

3. 其他

上下传递设备、材料时，不应与电杆、绝缘斗臂车绝缘斗发生碰撞

6.9　本章小结

配网不停电作业技术中的绝缘杆作业法和绝缘手套作业法是保障电力系统稳定运行的关键技术手段。

绝缘手套作业法涵盖了带电断、接支线引线，带电更换耐张杆、直线杆绝缘子及柱上开关或隔离开关、熔断器等多项作业，其在人员分工、工器具配备、作业步骤、安全注意事项和危险点预控等方面均有明确要求。绝缘杆作业法带电断、接支线引线同样有严格的操作规范，包括前期准备、作业过程和结束阶段的各项工作，以及相应的安全保障措施。

这些作业方法通过合理的人员配置、完备的工器具准备、规范的作业流程、严格的安全注意事项以及有效的危险点预控，确保了在不停电情况下对配电网设备的安全维护和检修，减少了停电对用户的影响，提高了供电可靠性和电网运行效率，对电力系统的稳定运行具有重要意义。

第 7 章

旁路作业技术实训

7.1 引言

在电力系统的运行维护中,旁路作业带负荷更换柱上开关以及旁路作业加装智能配电变压器终端是两项重要的技术手段。

随着电力需求的增长和电网智能化的发展,确保电力供应的连续性、稳定性以及提高配电网的智能化水平变得越发关键。旁路作业带负荷更换柱上开关能够在不停电的情况下,有效解决柱上开关故障或升级改造的问题,减少停电对用户的影响,提升供电可靠性。旁路作业加装智能配电变压器终端则有助于实现对配电变压器的实时监测和智能控制,优化电力分配,降低能源损耗,进一步提高配电系统的运行效率和智能化程度。

深入研究这些作业的技术流程、安全注意事项和危险点预控措施,对于保障电力系统的安全稳定运行、推动电力行业的技术进步具有重要意义。

7.2 旁路作业带负荷更换柱上开关

7.2.1 项目类型及人员分工要求

根据 Q/GDW 10520—2016《10kV 配网不停电作业规范》中"项目分类"的划分,本项目为第三类作业法,填写配网带电作业工作票,适用于 10kV 架空线路带负荷更换柱上开关工作。

根据 GB/T 18857—2019《配电线路带电作业技术导则》,本项目人员要求及分工见表 7-1。

表 7-1 人员要求及分工

序号	人员	数量	职责分工
1	工作负责人	1人	正确安全地组织工作,并且负责作业过程中的安全监督、工作质量的监督等
2	高空作业人员	2人	负责高空作业
3	地面电工	1人	负责地面配合作业

7.2.2 主要工器具

根据 Q/GDW 10520—2016《10kV 配网不停电作业规范》，本项目主要工器具配备见表 7-2。

表 7-2 主要工器具配备

序号	工器具名称		型号/规格	单位	数量	备注
1	特种车辆	绝缘斗臂车		辆	1	
2	个人防护用具	绝缘安全帽	10kV	顶	2	
3		普通安全帽		顶	4	
4		绝缘手套	10kV	副	2	戴防护手套
5		绝缘服	10kV	套	2	
6		全身式安全带		副	2	
7		护目镜		副	2	
8	绝缘遮蔽用具	导线遮蔽罩	10kV，1.5m	根	若干	绝缘杆专用
9		引线遮蔽罩	10kV，0.6m	根	若干	
10		绝缘毯	10kV	块	若干	
11		绝缘毯夹		只	若干	
12	绝缘工器具	绝缘锁杆	1.4m	根	1	装有双沟线夹
13		绝缘扳手		套	1	14寸棘轮扳手等
14		绝缘绳	ϕ12mm，15m	根	1	
15		绝缘操作杆	10kV	根	1	
16	其他主要工器具	高压验电器	10kV	支	1	
17		绝缘电阻测试仪	2500V 及以上	只	1	
18		风速仪		只	1	
19		湿、温度计		套	1	
20		通信系统		套	1	
21		防潮苫布	3m×3m	块	1	
22		个人常用安全工具		套	1	
23		安全围栏		副	若干	
24		标示牌	"从此进入！"	块	1	
25		标示牌	"在此工作！"	块	2	
26		标示牌	"前方施工，车辆慢行"	块	2	
27	材料和备品、备件	横担	HD-107A	副	1	
28		抱箍	U16-200	副	1	
29		针式绝缘子	P-20T	只	3	

部分工器具展示如图 7-1 所示。

第7章 旁路作业技术实训

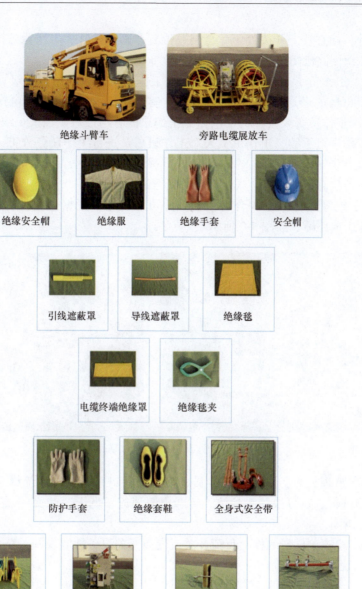

图7-1 部分工器具展示

7.2.3 作业步骤

1. 前期准备

1）工作负责人核对线路名称、杆号。

2）工作负责人检查线路装置是否具备带电作业的条件：检查电杆埋深、杆

171

身质量；检查柱上开关处于"合闸"位置，确认跌落式熔断器已拉开，熔管已取下；二次回路已闭锁。

3）工作负责人检查气象条件满足工作要求：风力不大5级；空气相对湿度不大于80%；若遇雷电、雪、雹、雨、雾等不良天气，禁止带电作业。

4）工作负责人按配网带电作业工作票内容与值班调控人员或运维人员联系，履行工作许可手续，工作负责人对工作班成员进行工作任务分工、安全措施交底和危险点告知，确认每一个工作班成员都已知晓并签名，工作负责人检查工作班成员精神状态是否良好，人员变动是否合适。

5）绝缘斗臂车进入合适位置，并可靠接地，根据道路情况设置安全围栏、警告标志或路障，如图7-2所示。

图 7-2 布置工作现场

6）整理材料，对安全工器具、绝缘工具进行检查，对绝缘工具应使用绝缘电阻测试仪进行分段绝缘检测，绝缘电阻值应不低于700MΩ。查看绝缘斗良好，调试斗臂车。

7）检查测试新的柱上负荷开关或隔离开关设备性能良好，符合作业要求。

2. 现场作业

1）斗内电工穿戴好绝缘防护用具，进入绝缘斗内，挂好安全带保险钩，操作车辆到达作业位置。

2）斗内电工使用高压验电器对带电部位、横担、电杆、柱上开关外壳等进行验电，以检查装置有无漏电现象，如图7-3所示。

3）按照"由近至远、从大到小、从低到高"的原则，分别对三相主导线、柱上开关引线、横担等设置绝缘遮蔽，如图7-4所示。

4）地面电工将旁路柔性电缆可靠绑扎后，使用绝缘传递绳递给斗内电工，传递过程中应避免与电杆、导线、绝缘斗发生碰撞，如图7-5所示。

第 7 章　旁路作业技术实训

图 7-3　验电

图 7-4　绝缘遮蔽

图 7-5　传递旁路柔性电缆

5）斗内电工剥除绝缘导线绝缘层，并清除导线上的氧化物或脏污，以便连接旁路柔性电缆，开剥顺序依次为远边相、中间相、近边相，如图 7-6 所示。

图 7-6　剥除绝缘层

6）斗内电工按照"先远边相、再中间相、最后近边相"的次序分别将旁路开关柔性电缆搭接到主导线上（见图 7-7a），并及时恢复旁路柔性电缆与主导线连接处的绝缘遮蔽（见图 7-7b）。

a)　　　　　　　　　　　　　　b)

图 7-7　旁路电缆与主导线连接

7）旁路设备运行前，要进行核相工作，以确认相位正确，核相完成后操作人员应戴好绝缘手套，操作旁路开关使其合闸，锁死跳闸机构，如图 7-8 所示。

8）斗内电工用高压钳形电流表（见图 7-9 标 1 处）检测主线路载流和旁路系统分流情况（见图 7-9 标 2 处），确定旁路系统运行正常。

9）斗内电工使用绝缘操作杆操作柱上开关使其分闸，使得旧的柱上开关退出运行，如图 7-10 所示。

图 7-8　合上旁路负荷开关

图 7-9　检测通流情况

图 7-10　操作柱上开关使其分闸

10）斗内电工用高压钳形电流表测量柱上开关三相引线载流情况，确认无电流通过，柱上开关在"断开"状态，如图 7-11 所示。

图 7-11 确认柱上开关在"断开"状态

11)斗内电工按照"先两边相、再中间相"的顺序依次拆除柱上开关引线与主导线的连接线夹(见图 7-12a),线夹拆除后,将引线脱离主导线,用绝缘吊绳将引线悬挂在主导线上(见图 7-12b),随后拆除柱上开关侧引线设备线夹。

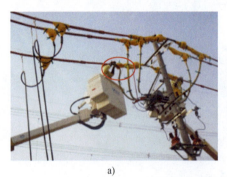
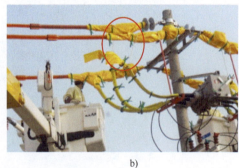

a)   b)

图 7-12 拆除柱上开关两侧引线

12)斗内电工拆除柱上开关二次控制线和信号线及外壳保护接地线,安装好吊绳,拆除吊装螺栓,操作斗臂车小吊换下柱上开关,如图 7-13 所示。

13)地面工作人员对新的柱上开关进行检查和"分闸"与"合闸"试操作后,安装好绝缘吊绳,斗内电工操作斗臂车小吊换上新的开关并加以固定,如图 7-14 所示。

14)斗内电工安装柱上开关出线侧引线,如图 7-15 所示,安装时应确认开关在"分闸"位置,并恢复柱上开关出线侧的绝缘保护,按照"先中间相、再两边相"的顺序逐相将柱上开关引线连接到主导线上,并恢复其绝缘遮蔽,如图 7-16 所示。

第7章 旁路作业技术实训

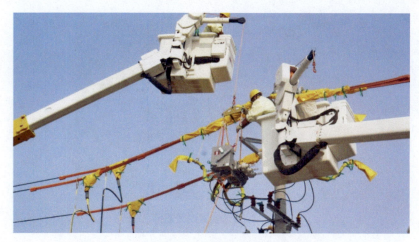

图 7-13　换下柱上开关

图 7-14　换上新的开关并加以固定

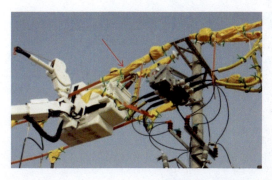

图 7-15　安装柱上开关引线

图 7-16 恢复绝缘遮蔽

15）斗内电工使用绝缘操作杆操作柱上开关使其合闸，操作前应再次核对柱上开关两侧引线相序无误，如图 7-17 所示。

图 7-17 操作柱上开关使其合闸

16）斗内电工使用高压钳形电流表检测柱上开关通流情况，如图 7-18 所示。

图 7-18 检测通流情况

17)操作人员戴好绝缘手套操作旁路开关使其分闸,如图 7-19 所示,断开后,斗内电工使用高压钳形电流表测量三相旁路柔性电缆电流,确认无电流通过,如图 7-20 所示。

图 7-19　操作旁路开关使其分闸

图 7-20　测量电流情况

18)斗内电工按照"由近及远"的顺序,依次逐相拆除三相旁路柔性电缆,并对主导线挂接处修复绝缘层,如图 7-21 所示。

图 7-21　拆除旁路开关两侧高压引下电缆

19）斗内电工按照"由远至近、先小后大、从高到低"的原则拆除绝缘遮蔽，如图 7-22 所示。

3. 作业结束

1）工作负责人组织工作人员清点工器具，并清理施工现场。

2）工作负责人对完成的工作进行全面检查，符合验收规范要求后，记录在册，并召开现场收工会进行工作点评，宣布工作结束。

3）汇报值班调控人员工作已经结束，工作班撤离现场。

4. 作业中应注意的几个问题

1）旁路开关和高压引下电缆载流容量的选取应当合适，一般按额定电流应大于或等于负荷电流的原则进行选取，考虑到线夹接触电阻和负荷的波动情况，实际选取的载流容量应不低于 1.2 倍的最大负荷电流。

图 7-22　拆除绝缘遮蔽

2）旁路开关安装的位置应当便于工作，其安装高度以不妨碍更换工作为宜，两副余缆支架应安装在开关两侧，以便于固定余缆。

3）旁路开关两侧高压引下电缆相位应保持一致，若不一致，当旁路开关合闸时就会造成相间短路，可采取以下措施加以避免：①选择高压引下电缆时三相色标齐全，黄、绿、红各 2 根，以便安装时区分相位；②安装高压引下电缆时注意色标与线路色标一致；③合旁路开关前通过核相仪判定开关两侧相位是否一致。

4）要注意电缆容性电流可能带来的影响，高压引下电缆为具有金属保护层的绝缘电缆，有较大的电容（电缆较长时），搭接时将会有电容充电电流流过而产生微弱的电弧，必要时可使用专用的操作杆进行搭接操作。

5）应避免旁路开关合闸不到位，若合不到位，则更换柱上开关时将造成带负荷拉弧，因此，作业时要注意以下两点：①旁路开关合闸后首先应确认位置指示器在合闸位置，然后用钳形电流表测量旁路回路通流情况是否正常；②更换柱上开关前应使其分闸，并确认位置指示器处在分闸位置，且无电流通过。

6）应尽可能降低高压引下电缆搭接后的接触电阻，为避免旁路回路在运行中线夹过度发热，必须尽可能减小线夹与导线之间的接触电阻，因此，应当做到：①平时保养高压引下电缆时要求在线夹内表面均匀涂抹一层薄薄的导电脂，以防止线夹接触面氧化；②搭接高压引下电缆线夹的主导线部位应清除氧化层，搭接时线夹接触应牢固、可靠。

7）更换柱上开关前应使其分闸，为防止旁路回路接触不良，避免更换柱上开关时产生带负荷拉弧现象，在更换前应使用绝缘操作杆将其分闸，如开关无法操作分闸，则必须保证旁路回路完好。

8）在绝缘遮蔽措施方面，作业中还应注意以下几点：①作业人员在拆卸及搭接柱上开关引线时应注意保持人体与带电体、接地构件间的安全距离，在安全距离达不到要求时，应做好绝缘遮蔽，拆除绝缘遮蔽用具时，也应同样注意人体与其他带电体间的安全距离；②对不规则带电部件和接地构件可采用绝缘毯进行遮蔽，但要注意夹紧固定，两相邻绝缘毯间应有重叠部分；③绝缘手套外应戴防刺穿手套；④一相作业完成后，应迅速对其恢复和保持绝缘遮蔽，然后再对另一相开展作业。

"开关旁路法"带负荷更换10kV线路柱上开关是一项实用的不停电作业技术，虽其较为复杂且技术难度高，但只要在作业前和作业中做好有效的组织措施和技术措施，工作人员熟练掌握和运用操作规程，实践证明其作业过程是相当安全的。此外，这种技术和原理还可应用和拓展到其他的不停电作业项目，如带负荷更换跌落式熔断器、更换部分线路等。

7.2.4　安全注意事项

1）带电作业应在良好天气下进行，风力大于5级或湿度大于80%时，不宜带电作业。若遇雷电、雪、雹、雨、雾等不良天气，禁止带电作业。带电作业过程中若遇天气突然变化，有可能危及人身及设备安全时，应立即停止工作，撤离人员，恢复设备正常状况或采取临时安全措施。

2）根据Q/GDW 10520—2016《10kV配网不停电作业规范》规定，本项目一般无须停用线路重合闸。

3）作业中，绝缘斗臂车绝缘臂的有效绝缘长度应不小于1.0m，绝缘绳套和后备保护的有效绝缘长度应不小于0.4m。

4）作业中，人体应保持对地不小于0.4m、对邻相导线不小于0.6m的安全距离。如不能确保该安全距离，应采取绝缘遮蔽措施，遮蔽用具之间的重叠部分不得小于150mm。

5）安装绝缘遮蔽时应按照"由近及远、从下到上、先带电体后接地体"的原则依次进行，拆除时与此相反。

6）验电发现隔离开关安装支架带电，禁止继续实施本项作业。

7）作业线路下层有低压线路同杆并架时，如妨碍作业，应对作业范围内的相关低压线路采取绝缘遮蔽措施。

8）如隔离开关支柱绝缘子机械损伤，拆引线时应用锁杆妥善固定，并应采取防高空落物的措施。

9）在拆除有配网自动化的柱上负荷开关时，需将操动机构转至"OFF"位置，待更换完成后再恢复至"AUTO"位置。

10）在同杆架设线路上工作，与上层线路小于安全距离规定且无法采取安全措施时，不得进行该项工作。

11）作业过程中禁止摘下绝缘防护用具。

12）作业前应检查柱上开关的试验报告，并对柱上开关进行绝缘检测和试操作。

13）作业时，严禁人体同时接触两个不同的电位体；绝缘斗内两人工作时，禁止两人同时接触不同的电位体。

14）上下传递工具、材料均应使用绝缘绳传递，严禁抛掷。

7.2.5　危险点分析及预控措施

1）装置不符合作业条件。当日工作现场复勘时，如待更换的柱上开关（或具有配网自动化功能的分段开关、用户分界开关）电源侧有电压互感器，应与运维人员一起确认已退出。

注意：如果无法通过隔离开关或操作退出电压互感器，应禁止作业。

斗内电工进入带电作业区域后，对开关金属外壳、安装支架验电发现有电，并且变电站有明显的接地信号，禁止作业。

2）旧开关设备绝缘性能和机械性能不良，泄漏电流或短路电流产生的电弧伤人。

① 作业前，应确认待更换柱上开关处于分闸位置。

② 开关设备机械性能不良的情况下，如绝缘柱断裂，应防止设备突然断裂造成接地或短路。

③ 有效控制开关设备的引线。

3）新开关设备的绝缘性能和操作性能不良，泄漏电流或短路电流产生的电弧伤人。

① 作业前应检查开关设备的试验报告，应用绝缘电阻测试仪检测开关相间及相对地之间的绝缘电阻并进行试分、合操作。

② 在搭接新换开关设备两侧的引线时，开关设备应处于分闸位置。

4）开关设备引线相序错误，合闸时相间短路。新换柱上开关或隔离开关在合闸前，应对引线相序进行检查，必要时应用核相仪进行核相。

5）作业空间狭小，人体串入电路而触电。

① 应按照以下顺序断、接开关设备引线：断开关设备引线时，宜先断电源侧引线，三相引线应按"先两边相，再中间相"或"由近及远"的顺序进行；接开关设备引线时，宜先接负荷侧，三相引线应按"先中间相，再两边相"或"由远到近"的顺序进行；引线带电断、接的位置均应在主线搭接位置处进行。

② 作业中，应防止人体串入已断开或未接通的引线和主线之间。

③ 有效控制开关设备的引线,避免引线摆动。

6)重物打击,高空落物。

① 在使用绝缘斗臂车小吊臂时,应检查吊绳的机械强度(如断股、伸长率、变形等)以及小吊滑轮和吊钩部件的完整性、操作的灵活性和机械强度。

② 起吊时,荷载不应超出绝缘斗臂车小吊相应起吊角度下的起重能力。

③ 起吊时,应控制设备晃动幅度,不应超出小吊的控制能力;绝缘斗臂车小吊升降和绝缘臂的起伏、升降、回转等操作不应同时进行;必要时还应在开关设备底座上增加绝缘控制绳,由地面电工进行控制。

④ 起吊时,应正确选择并安装绝缘绳套、卸扣。

⑤ 上下传递设备、材料,不应与电杆、绝缘斗臂车绝缘斗发生碰撞。

⑥ 地面电工、杆上配合人员不得处于绝缘斗臂车绝缘臂、绝缘斗或开关的设备下方。

7.3　旁路作业加装智能配电变压器终端

在现代电力系统中,智能配电变压器终端的应用正变得越来越普遍。随着电力需求的不断增加和配电网络的日益复杂,传统的配电变压器已无法满足高效、可靠的电力传输和分配需求。智能配电变压器终端通过先进的监测和控制技术,可以实时监控电力系统的运行状态,提高配电网络的稳定性和可靠性,同时优化能源分配和减少能源损耗。本节将探讨在旁路作业中加装智能配电变压器终端的必要性及其带来的潜在优势,以期为配电系统的智能化升级提供有力的技术支持。

7.3.1　项目类型及人员分工要求

根据 Q/GDW 10520—2016《10kV 配网不停电作业规范》中"项目分类"的划分,本项目为第二类绝缘手套作业法,填写配网带电作业工作票,适用于绝缘斗臂车、绝缘脚手架、绝缘平台开展的 10kV 架空线路断、接支线路引线工作。

根据 GB/T 18857—2019《配电线路带电作业技术导则》,本项目人员要求及分工见表 7-3。

表 7-3　人员要求及分工

序号	人员	数量	职责分工
1	现场工作负责人	1 人	负责交代工作任务、安全措施和技术措施,履行监护职责
2	1 号电工	1 人	带电断接低压旁路电缆及线路的连接
3	2 号电工	1 人	带电断接低压旁路电缆及线路的连接
4	专责监护人	1 人	监护作业点
5	地面操作电工	1 人	连接低压旁路开关、开关
6	地面电工	2 人	铺设低压旁路电缆,辅助传递工器具
7	合计	7 人	所有工作人员需通过每年一次的安全知识考试,经过必要的技能技术培训,取得带电作业证,可根据实际情况安排人员

注:具体工作人数可根据现场实际情况进行增减。

7.3.2 主要工器具

根据 Q/GDW 10520—2016《10kV 配网不停电作业规范》，本项目主要工器具配备见表 7-4。

表 7-4 主要工器具配备

序号	工器具名称		型号/规格	单位	数量	备注
1	个人防护用具	绝缘手套（含防穿刺手套）		副	3	
2		安全帽		顶	7	
3		双控背带式安全带		副	2	
4		防护眼镜（面罩）		副	3	
5		绝缘鞋		双	7	
6		防电弧服	8cal/cm^2	套	3	室外作业防电弧能力不小于 6.8cal/cm^2；配电柜等封闭空间作业不小于 27.0cal/cm^2
7	绝缘工具	低压带电作业车	0.4kV	辆	1	根据现场实际情况安排
8		绝缘护套	0.4kV	个	若干	
9		绝缘操作棒		根	1	
10		绝缘放电棒		根	1	
11		绝缘隔板		快	若干	
12		绝缘毯		块	若干	
13		绝缘毯夹		只	若干	
14	辅助工具	绝缘绳		根	1	
15		防潮垫		块	若干	
16		变压器设备线夹引流装置		根	4	
17		低压旁路开关		台	1	
18		低压旁路柔性电缆		根	8	
19		余缆支架		根	1	
20	其他主要工器具	高压验电器	10kV	支	1	
21		绝缘电阻测试仪	2500V 及以上	套	1	
22		风速仪		只	1	
23		湿、温度计		套	1	
24		通信系统		套	1	
25		个人常用安全工具		套	1	
26		安全围栏		副	若干	
27		标示牌	"从此进入！"	块	1	
28		标示牌	"在此工作！"	块	2	
29		标示牌	"前方施工，车辆慢行"	块	2	
30	材料和备品、备件	导线		条	若干	
31		扎线		条	若干	
32		线夹		只	若干	
33		导电脂		支	1	

部分工器具展示如图 7-23 所示。

a) 绝缘斗臂车　　b) 绝缘手套

c) 绝缘毯　　d) 绝缘毯夹　　e) 线夹

f) 绝缘锁杆

g) 引线屏蔽器

h) 绝缘管套

图 7-23　部分工器具展示

7.3.3 作业步骤

1. 前期准备

（1）检查现场

1）核对线路名称和杆塔编号。

2）核实线路工况。

3）测量温度、湿度和风速，确认天气适合带电作业。

（2）工作许可

1）对于中性点非有效接地系统中可能引起相间短路的作业，工作负责人应确认线路重合闸已退出。

2）办理工作票许可。

（3）作业前安全交底　工作负责人向工作班成员宣读工作票，明确分工，告知危险点，并履行确认手续。

2. 作业过程

1）开工：

① 工作负责人向设备运维管理单位履行许可手续。

② 工作负责人召开班前会，进行"三交三查"。

③ 工作负责人发布开工令：

a. 工作负责人要向全体工作班成员告知工作任务和保留带电部位，交代危险点及安全注意事项。

b. 工作班成员确已知晓后，在工作票上签字确认。

2）验电。斗内电工使用验电器确认作业现场无漏电现象，如图 7-24 所示。在带电导线上检验验电器是否完好。

图 7-24　验电

① 验电时作业人员应与带电导体保持安全距离，验电顺序应由近及远，验电时应戴绝缘手套。

② 检验作业现场接地构件有无漏电现象，确认无漏电现象，验电结果汇报给工作负责人。

3）使用钳形电流表测量，如图7-25所示，确认负荷电流小于旁路系统额定电流。

图7-25 使用钳形电流表测量

4）红外测温仪测量变压器低压桩头温度，如图7-26所示，确认变压器低压桩头温度满足作业条件。

图7-26 测温

5）设置围栏及标示牌：
① 警示标志齐全，不少于2块标示牌，比如"在此工作""从此进入"等。
② 禁止作业人员擅自移动或拆除围栏、标示牌。

6）在适当位置安装低压旁路开关，并可靠接地，低压旁路开关设定名称为PL01开关，如图7-27所示；将低压旁路电缆放置在防潮苫布上，端头朝上，如图7-28所示。

图 7-27　安装低压旁路开关

图 7-28　低压旁路电缆放置在防潮苫布上，端头朝上

7）获得工作负责人的许可后，低压旁路电缆使用前应进行外观检查，组装完成后检测绝缘电阻，如图 7-29 所示，合格后逐相充分放电，方可投入使用，然后对低压旁路电缆端头进行绝缘包裹，如图 7-30 所示。

图 7-29　对低压旁路电缆端头进行绝缘包裹

第 7 章 旁路作业技术实训

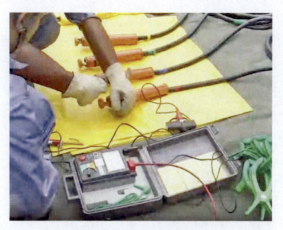

图 7-30　绝缘检测及放电

8）使用万用表测量确认低压旁路开关 PL01 处于断开状态，如图 7-31 所示，确认断开后悬挂"有人工作，禁止合闸"标示牌，如图 7-32 所示。

图 7-31　使用万用表确认低压旁路开关 PL01 的状态

图 7-32　悬挂"有人工作，禁止合闸"标示牌

9）获得工作负责人的许可后,确认旁路开关在开位,地面电工将低压旁路电缆按照进出线及相色标志接入低压旁路开关,确保接入牢固可靠,如图 7-33 所示。

图 7-33　低压旁路电缆按照进出线及相色标志接入低压旁路开关

10）获得工作负责人的许可后,斗内电工相互配合对变压器高压桩头、变压器外壳、变压器低压桩头做绝缘遮蔽,如图 7-34～图 7-36 所示。

图 7-34　对变压器绝缘遮蔽（1）

图 7-35　对变压器绝缘遮蔽（2）

第 7 章　旁路作业技术实训

图 7-36　对变压器绝缘遮蔽（3）

11）获得工作负责人的许可后，斗内电工相互配合在合适位置安装绝缘横担、组合式绝缘支撑杆，如图 7-37 所示。安装应牢固可靠。

图 7-37　安装变压器侧绝缘横担

12）获得工作负责人的许可后，斗内电工相互配合对变压器低压线路处进行绝缘遮蔽，如图 7-38 和图 7-39 所示。

图 7-38　对变压器低压线路处进行绝缘遮蔽（1）

图 7-39　对变压器低压线路处进行绝缘遮蔽（2）

13）斗内电工和地面电工配合将低压旁路电缆安装至绝缘横担上，同时预留合适的安装长度，如图 7-40 所示。

图 7-40　安装低压旁路电缆

14）获得工作负责人的许可后，斗内电工相互配合依次将低压旁路电缆按相色带电接入变压器低压桩头处，如图 7-41 所示。

15）获得工作负责人的许可后，斗内电工相互配合在合适位置将低压旁路电缆按相色带电接入低压线路，如图 7-42 所示。

图 7-41 低压旁路电缆带电接入变压器低压桩头

图 7-42 低压旁路电缆按相色标志带电接入低压线路

16）获得工作负责人的许可后，作业人员穿戴相应防护等级的防电弧服检测低压旁路开关两侧相序，确认一致。

17）获得工作负责人的许可后，作业人员合上低压旁路开关 PL01，并确认，如图 7-43 所示。

图 7-43 合上低压旁路开关 PL01

18）获得工作负责人的许可后，作业人员用钳形电流表检测原线路及低压旁路电缆通流情况，确认分流正常，如图7-44所示。

图7-44　使用钳形电流表测量原线路及低压旁路电缆通流情况

19）获得工作负责人的许可后，斗内电工升至适当位置，使用专用工具断开配电箱412开关，并确认。断开后悬挂"有人工作，禁止合闸"标示牌。

20）获得工作负责人的许可后，斗内电工在低压桩头处使用钳形电流表测量原线路及低压旁路电缆通流情况并汇报给工作负责人记录，确认配电箱412开关已拉开。

21）获得工作负责人的许可后，斗内电工依次拆除配电箱与变压器低压桩头的电缆引线，设置绝缘遮蔽，并可靠固定，如图7-45所示。

图7-45　拆除配电箱与变压器低压桩头的电缆引线

22）获得工作负责人的许可后，斗内电工依次拆除配电箱与低压线路的电缆引线，设置绝缘遮蔽，并可靠固定，如图7-46所示。

23）检修作业人员按照作业要求执行更换配电箱及加装智能终端TTU作业。

24）斗内电工使用万用表检查确认新换配电箱412开关处于断开状态，确认断开后悬挂"有人工作，禁止合闸"标示牌。

25）获得工作负责人的许可后，斗内电工做好绝缘遮蔽，依次按照相色标志安装配电箱与变压器低压桩头电缆引线，如图7-47所示。

图 7-46　拆除配电箱与低压线路的电缆引线

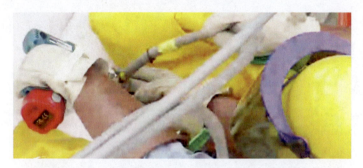

图 7-47　安装配电箱与变压器低压桩头电缆引线

26）获得工作负责人的许可后，斗内电工做好绝缘遮蔽，依次按照相色标志安装配电箱与低压线路电缆引线，如图 7-48 所示。

图 7-48　安装配电箱与低压线路电缆引线

27）获得工作负责人的许可后，作业人员检测配电箱 412 开关两侧相序，确认一致。

28）获得工作负责人的许可后，斗内电工升至适当位置，合上配电箱 412 开关。

29）获得工作负责人的许可后，作业人员用钳形电流表检测配电箱 412 开关线路及低压旁路电缆通流情况，确认分流正常。

30）获得工作负责人的许可后，作业人员断开低压旁路开关 PL01，并确认。

31）获得工作负责人的许可后，斗内电工在低压桩头处使用钳形电流表测量新换配电箱 412 开关线路及低压旁路电缆通流情况，并汇报给工作负责人记录。确认低压旁路开关 PL01 处于断开状态。

32）获得工作负责人的许可后，斗内电工相互配合按照与安装相反的顺序拆除低压旁路电缆与变压器低压桩头的电缆引线，如图 7-49 所示。

图 7-49　拆除低压旁路电缆与变压器低压桩头的电缆引线

33）获得工作负责人的许可后，斗内电工相互配合按照与安装相反的顺序拆除低压旁路电缆与低压线路电缆引线，如图 7-50 所示。

图 7-50　拆除低压旁路电缆与低压线路电缆引线

34）斗内电工和地面电工相互配合将低压线路处低压旁路电缆吊下，如图 7-51 所示。对拆除的低压旁路电缆逐相充分放电，如图 7-52 所示。

第 7 章　旁路作业技术实训

图 7-51　将低压线路处低压旁路电缆吊下

图 7-52　对拆除的低压旁路电缆逐相充分放电

35）获得工作负责人的许可后,斗内电工相互配合按照"由远到近"的原则拆除作业范围内的绝缘遮蔽及绝缘横担,如图 7-53 所示。

图 7-53　拆除低压线路处的绝缘遮蔽及绝缘横担

36）斗内电工和地面电工相互配合将变压器侧低压旁路电缆吊下。对拆除的低压旁路电缆逐相充分放电。

37）获得工作负责人的许可后，斗内电工相互配合按照"由远到近"的原则拆除作业范围内的绝缘遮蔽，如图 7-54 所示。

图 7-54　拆除变压器侧低压桩头的绝缘遮蔽

38）斗内电工相互配合拆除绝缘横担及绝缘支撑杆，如图 7-55 所示。

图 7-55　拆除绝缘横担及绝缘支撑杆

39）获得工作负责人的许可后，斗内电工相互配合拆除变压器高压桩头遮蔽罩及变压器外壳遮蔽，如图 7-56 所示。

图 7-56　拆除变压器高压桩头遮蔽罩及变压器外壳遮蔽

40）确认作业点无遗留物后，斗内电工向工作负责人报告工作完毕，经工作负责人许可后，返回地面。

3. 作业结束

1）给出验收意见。

2）清理现场：

① 拆除安全围栏、标示牌，整理安全工器具。

② 清点工器具及材料。

③ 将设备、工具、材料等撤离现场，清理现场施工垃圾。

3）工作终结：

① 确认所有工作班人员已经撤离作业现场和所有绝缘遮蔽已经拆除。

② 办理工作票终结手续。

7.3.4　安全注意事项

1）作业前用验电器确认电杆、横担无漏电现象。

2）对作业点附近的带电部位进行绝缘遮蔽。遮蔽应完整、重合，避免留有漏洞、带电体暴露，导致作业时接触带电体形成回路，造成人身伤害。

3）监护人员应时刻提醒作业人员注意动作范围。

4）旁路系统运行前采用绝缘电阻表测量绝缘电阻。

5）接引线时应使用绝缘工具有效控制引线端头；严禁同时接触不同电位，以防人体串入电路造成人身伤害。

6）配合人员向中间电位人员传递材料时，要使用绝缘绳索。

7）对于旁路开关的断开状态，应用表计测量确认。

8）高空作业人员应正确使用安全带，安全带的挂钩要挂在牢固的构件上。

9）作业区域必须设置安全围栏和标示牌，防止行人通过。

10）作业点前后方 30m 设置"电力施工，车辆缓行"标示牌。

7.3.5　危险点分析

1）没有对现场装置进行验电，可能会造成人身触电。

2）作业点周围的带电部位不进行绝缘遮蔽，可能会发生接地或短路。

3）人员动作过大，可能会触碰带电设备发生触电。

4）低压旁路电缆的绝缘性能差，可能会引起触电。

5）人体同时接触不同电位的物体，可能会造成触电。

6）配合人员向中间电位人员传递工器具及材料，可能会造成触电。

7）旁路开关发生假断，可能会造成带负荷搭接旁路引线。

8）作业人员高空作业不使用安全带，可能会发生坠落。

9）发生高空落物，可能会造成人身伤害。

10）工作地点在车辆较多的马路附近，可能会发生交通意外。

7.4 本章小结

旁路作业带负荷更换柱上开关和加装智能配电变压器终端是提升配电网运行可靠性和智能化水平的重要作业项目。

在人员分工方面，两者都有明确的职责安排，确保作业有序进行。工器具配备上，根据作业需求准备了各类专用工具。作业步骤详细且严谨，从前期准备到现场作业再到结束后的清理工作，每个环节都有严格的操作规范，如更换柱上开关时对旁路系统的操作、相位检测、绝缘遮蔽等，加装智能配电变压器终端时的验电、绝缘检测、电缆连接等。

安全注意事项涵盖了天气条件、绝缘防护、作业距离、工具传递等多个方面，旨在保障作业人员安全和作业顺利进行。

危险点分析全面，针对可能出现的装置问题、设备性能不良、相序错误、作业空间风险、重物打击等情况均有相应的预控措施，确保作业过程安全可靠，有效提升配电网运行质量和智能化管理能力。

第 8 章

总结与展望

不停电作业旨在实现用户不停电或短时停电，涵盖带电作业法、移动电源法和旁路作业法等方法。带电作业法按作业人员与带电体电位关系分为地电位、中间电位和等电位作业法，按接触关系分为直接和间接作业法，各方法有其特点及安全要求。

我国不停电作业发展历经起步、普及和全面发展阶段，虽取得进步，但与国外先进技术相比，在作业方法、项目、工具及人员等方面仍存在差距。

不停电作业对供电企业意义重大，可提高供电可靠性、带来经济社会效益、提升劳动效率与作业安全性、增强服务效能质量、推动检修方式进步并促进配电装置标准化，是电力系统发展的重要方向。

配电网在电力系统中起着承上启下的关键作用，其基本概念涵盖了从电能接收到分配的整个过程，包括多种配电设施和复杂的二次系统。不同类型的配电网（如城市与农村、架空与电缆、高压与中低压等）满足了不同区域和用户的需求，多样的接线方式适应了不同的供电场景。架空和电缆线路的构成元件各具功能，从导线的电能传输到杆塔的支撑作用，共同确保了线路的正常运行。

配网不停电作业技术是应对现代供电需求的重要手段，与传统停电作业相比，能显著减少对用户的影响。其技术原理包含多种带电作业方法，每种方法基于不同的电位关系确保作业安全。配电线路的各种杆型及适宜作业的线路结构要求，为带电作业提供了操作依据，而不适合带电作业的杆型则需特殊对待。掌握这些知识，有助于提高配电网运行效率，保障供电质量，推动电力行业的持续发展。

电对人体影响方面，阐述了电流和电场对人体造成伤害的机制，明确了安全电压、电流及场强标准，为作业人员安全防护提供依据。

作业过程中的过电压部分，详细介绍了操作过电压和暂时过电压的类型、产生原因及特点，指出操作过电压是确定安全距离的关键依据。

电介质特性方面，讲解了电导、绝缘电阻、击穿强度与放电特性，分析了影响因素，强调了带电作业中泄漏电流的危害及防范措施。

绝缘配合与安全间距内容中，阐述了绝缘配合方法及其在带电作业中的应用，明确了安全间距的各类要求及确定原则。

气象条件对带电作业的影响方面，探讨了风、温湿度、降水和雷电等因素对带电作业的影响，并提出了相应的应对措施。这些内容为不停电作业的安全、高效开展奠定了坚实的理论和实践基础。

绝缘斗臂车的操作涵盖工作环境、性能要求、作业范围、使用操作步骤及注意事项，同时包括维护保养和测试等内容，确保其安全可靠运行。

各类工器具操作方法分为操作工具和防护用具两部分，操作工具介绍了绝缘手工工具、绝缘操作工具的使用及检查检测，防护用具包括个人防护用具和绝缘遮蔽用具，明确了其种类、要求、试验等。

绝缘工器具现场检测详细说明了绝缘杆、滑车、硬梯、绳索、手工工具、遮蔽罩、毯（垫）、服（披肩）、手套、鞋（靴）、安全帽等的测试方法与要求。

绝缘遮蔽方法及技能包括遮蔽用具选择、遮蔽步骤、注意事项和技能要求，强调了正确遮蔽对作业安全的重要性。这些内容为不停电作业人员提供了全面的操作指导和安全保障。

电缆拆、搭作业需依据相关规范，明确项目类型及人员分工，准备齐全且合格的工器具，按照前期准备、作业过程和作业结束的流程严谨操作，过程中要特别注意众多安全事项，如专人指挥、检查电缆状态、设置安全围栏、规范绝缘斗臂车操作、确保遮蔽完整等，并针对可能的危险点采取预控措施。

低压用户临时电源供电作业同样要根据导则确定人员职责，准备合适工器具，在现场复勘、作业前准备和操作步骤中严格执行各项要求，包括检查线路和气象条件、设置警示标志、正确操作发电车和电缆、检测相序和负荷等，同时注意操作中的安全要点，如专人指挥协调、遵守倒闸操作规定、防护旁路电缆等，以确保作业安全高效，满足用户临时用电需求并维护电力系统稳定运行。

绝缘手套作业法涵盖了带电断、接支线引线，带电更换耐张杆、直线杆绝缘子及柱上开关或隔离开关、熔断器等多项作业，其在人员分工、工器具配备、作业步骤、安全注意事项和危险点预控等方面均有明确要求。

绝缘杆作业法带电断、接支线引线同样有严格的操作规范，包括前期准备、作业过程和结束阶段的各项工作，以及相应的安全保障措施。这些作业方法通过合理的人员配置、完备的工器具准备、规范的作业流程、严格的安全注意事项以及有效的危险点预控，确保了在不停电情况下对配电网设备的安全维护和检修，减少了停电对用户的影响，提高了供电可靠性和电网运行效率，对电力系统的稳定运行具有重要意义。

旁路作业带负荷更换柱上开关能够在不停电的情况下，有效解决柱上开关故障或升级改造的问题，减少停电对用户的影响，提升供电可靠性。其作业流程包括前期准备、现场作业和作业结束等环节，作业中需注意旁路开关和高压引下电缆载流容量的选取、安装位置、相位一致性、电缆容性电流影响、开关合闸到位情况、接触电阻、绝缘遮蔽措施等问题，同时要严格遵守安全注意事项，针对可能的危险点采取预控措施。

旁路作业加装智能配电变压器终端则有助于实现对配电变压器的实时监测和智能控制，优化电力分配，降低能源损耗，进一步提高配电系统的运行效率和智能化程度。

当前随着电力需求的不断增长和用户对供电可靠性要求的日益提高，不停电作业技术将不断创新和发展。未来，不停电作业技术可能会朝着智能化、自动化、高效化的方向发展，例如采用机器人进行带电作业、利用先进的传感器技术实现对作业过程的实时监测和控制等。

新型绝缘材料和工器具的研发将进一步提高不停电作业的安全性和可靠性。例如，研发具有更高绝缘性能、更好耐候性和机械强度的绝缘材料，以及更加轻便、灵活、高效的绝缘工器具，将有助于减少作业人员的劳动强度，提高作业效率。

不停电作业技术在配电网中的应用将不断拓展，除了目前常见的作业项目外，未来可能会应用于更多复杂的电力设备检修和维护工作中，如变电站设备的不停电检修、高压电缆的不停电修复等。

在新能源接入和分布式能源发展的背景下，不停电作业技术将在保障新能源电力系统稳定运行方面发挥重要作用，例如实现对分布式光伏发电设备、风力发电设备的不停电接入和维护。随着不停电作业技术的不断完善和成熟，其推广前景将更加广阔，有望在全国范围内得到更广泛的应用，为提高电力系统的可靠性和稳定性做出更大贡献。

参考文献

[1] 国家电网公司.配网技术导则：Q/GDW 10370—2016[S].2017.

[2] 中国电力企业联合会.配电线路带电作业技术导则：GB/T 18857—2019[S].北京：中国标准出版社，2019.

[3] 国家电网公司.10kV 配网不停电作业规范：Q/GDW 10520—2016[S].2017.

[4] 何仰赞，温增银.电力系统分析 [M].4 版.武汉：华中科技大学出版社，2016.

[5] 赵智大.高电压技术 [M].2 版.北京：中国电力出版社，2006.

[6] 国网黑龙江省电力有限公司运维检修部.供电企业现场作业技术问答：配电带电作业 [M].北京：中国电力出版社，2014.

[7] 国网湖南省电力有限公司.输配电带电作业典型违章案例分析 [M].北京：中国电力出版社，2018.

[8] 陈铁.配电线路带电作业事故案例分析 [M].北京：中国电力出版社，2017.

[9] 输配电线路带电作业图解丛书编委会.输配电线路带电作业图解丛书　10kV 分册 [M].北京：中国电力出版社，2014.

[10] 国家电网公司人力资源部.国家电网公司生产技能人员职业能力培训专用教材：配电线路带电作业 [M].北京：中国电力出版社，2017.

[11] 北京中电方大科技股份有限公司.配电现场作业安全手册:配电带电作业（3D 彩图版）[M].北京：中国电力出版社，2015.

[12] 杨力.配电线路带电作业实训教程（下）[M].北京：中国电力出版社，2015.

[13] 国网河南省电力公司配电带电作业实训基地.配电线路带电作业标准化作业指导 [M].2 版.北京：中国电力出版社，2016.

[14] 国网河南省电力公司配电带电作业实训基地.10kV 电缆线路不停电作业培训读本 [M].北京：中国电力出版社，2014.

[15] 国家电网公司.国家电网公司技能人员　岗位能力培训规范　第 58 部分：配电带电作业：Q/GDW 13372.58—2015[S].2016.

[16] 国家电网公司.带电作业操作方法　第 2 分册：配电线路 [M].北京：中国电力出版社，2011.

[17] 陕西省电力公司.供电企业现场作业安全风险辨识与控制手册　第八册：带电作业专业 [M].北京：中国电力出版社，2009.

[18] 河南省电力公司.配电线路带电作业岗位培训题库 [M].北京：中国电力出版社，2010.

[19] 方向晖.配电线路带电作业技术问答 [M].北京：中国电力出版社，2010.

[20] 李天友.配电不停电作业技术发展综述 [J].供用电，2015（5）：6-10, 21.

[21] 国网河南省电力公司配电带电作业实训基地.配电线路带电作业知识读本 [M].2 版.北京：中国电力出版社，2016.

[22] 卢刚.输配电线路带电作业实操图册 [M].北京：中国电力出版社，2016.

[23] 山西省电力公司.输配电线路带电作业 [M].北京：中国电力出版社，2012.

[24] 中国南方电网公司. 10kV 配电线路带电作业指南 [M]. 北京：中国电力出版社，2015.

[25] 李孟东，王月鹏，彭新立. 10kV 配电线路带电作业实操技术 [M]. 北京：中国电力出版社，2012.

[26] 中国电力企业联合会. 回顾与发展：中国带电作业六十年 [M]. 北京：中国水利水电出版社，2014.

[27] 全国输配电技术协作网. 2017 带电作业技术与创新 [M]. 北京：中国水利水电出版社，2017.

[28] 易辉. 带电作业技术标准体系及标准解读 [M]. 北京：中国电力出版社，2009.

[29] 李如虎. 带电作业问与答 [M]. 北京：中国电力出版社，2013.

[30] 浙江省电力公司配网带电作业培训基地. 10kV 电缆线路不停电作业操作图解 [M]. 北京：中国电力出版社，2014.

[31] 应伟国. 10kV 带电作业典型操作详解 [M]. 北京：中国电力出版社，2012.

[32] 国家电网公司. 带电作业操作方法　第 1 分册：输电线路 [M]. 北京：中国电力出版社，2009.

[33] 刘宏新. 输电线路带电作业培训教材 [M]. 北京：中国电力出版社，2017.

[34] 国家电网公司人力资源部. 国家电网公司生产技能人员职业能力培训专用教材：输电线路带电作业 [M]. 北京：中国电力出版社，2018.

[35] 李天友，黄超艺，蔡俊宇. 配电带电作业机器人的发展与展望 [J]. 供用电，2016，33（11）：43-48.

[36] 国网浙江省电力有限公司设备管理部. 配电网不停电作业方法与案例分析 [M]. 北京：中国电力出版社，2019.

[37] 李卫胜. 配网不停电作业紧急避险实训教程 [M]. 北京：中国水利水电出版社，2019.

[38] 国网浙江省电力公司. 电网企业一线员工作业一本通 10kV 配网不停电作业——绝缘手套作业法更换直线杆绝缘子 [M]. 北京：中国电力出版社，2016.

[39] 国家电网公司配网不停电作业（河南）实训基地. 10kV 配网不停电作业专项技能提升培训教材 [M]. 北京：中国电力出版社，2018.

[40] 李天友，林秋金，陈庚煌. 配电不停电作业技术 [M]. 2 版. 北京：中国电力出版社，2019.

[41] 国家电网有限公司设备管理部. 0.4kV 配电网不停电作业培训教材：作业方法 [M]. 北京：中国电力出版社，2020.

[42] 国家电网有限公司设备管理部. 0.4kV 配电网不停电作业培训教材：基础知识 [M]. 北京：中国电力出版社，2020.

[43] 国网宁夏电力有限公司培训中心. 10kV 配网不停电作业培训教材：第一类、第二类 [M]. 北京：中国电力出版社，2021.

[44] 国网宁夏电力有限公司培训中心. 图解 10kV 配网不停电作业操作流程：第一类、第二类 [M]. 北京：中国电力出版社，2021.